智元微库
OPEN MIND

成 长 也 是 一 种 美 好

优等的心，不必华丽，但必须坚固。

永远不要把别人的进步，
当成衡量你自己有无能力的尺度。

CHEN DAZHI

坏天气也是大自然的一部分，就像每个人的生命中都必定下雨，某些日子势必黑暗又荒凉。

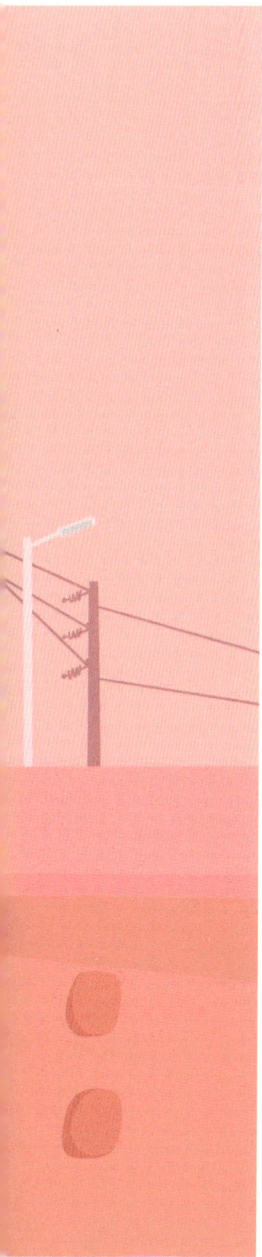

生活就是泥沙俱下，就是鲜花和荆棘并存。

勇气的精髓就是稳定地活着，没有
丝毫的自欺，执掌着非常强大的安
全感，对宇宙有一种敬畏和信赖。

余生，
做个心大的人

毕淑敏 著

人民邮电出版社

北京

图书在版编目（CIP）数据

余生，做个心大的人 / 毕淑敏著 . -- 北京 : 人民邮电出版社，2024. -- ISBN 978-7-115-65052-8

Ⅰ . B821-49

中国国家版本馆 CIP 数据核字第 20246WH693 号

◆ 　　著　　毕淑敏
　　责任编辑　　张渝涓
　　责任印制　　周昇亮

◆ 人民邮电出版社出版发行　　　　北京市丰台区成寿寺路 11 号

　　邮编 100164　　电子邮件 315@ptpress.com.cn

　　网址 https://www.ptpress.com.cn

　　文畅阁印刷有限公司印刷

◆ 开本：787×1092　1/32　　　　　　　彩插：4

　　印张：8.25　　　　　　　　　　　　2024 年 11 月第 1 版

　　字数：200 千字　　　　　　　　　2025 年 8 月河北第 3 次印刷

定　价：59.80 元

读者服务热线：（010）67630125　印装质量热线：（010）81055316

反盗版热线：（010）81055315

造心

蜜蜂会造蜂巢。蚂蚁会造蚁穴。人会造房屋、机器，造美丽的艺术品和动听的歌。但是，我们最重要、最宝贵的东西——自己的心，谁是它的建造者？

我们的心，是我们长久地不知不觉地以自己的双手，塑造而成的。

造心先得有材料。有的心是用钢铁造的，沉黑无比。有的心是用冰雪造的，高洁酷寒。有的心是用丝绸造的，柔滑飘逸。有的心是用玻璃造的，晶莹脆薄。有的心是用竹子造的，锋利多刺。有的心是用木头造的，安稳麻木。有的心是用红土造的，粗糙朴素。有的心是用黄连造的，苦楚不堪。有的心是用垃圾造的，面目可憎。有的心是用谎言造的，百孔千疮。有的心是用尸骸造的，腐恶熏天。有的心是用眼镜蛇唾液造的，剧毒凶残。

造心要有手艺。一只灵巧的心，缝制得如同金丝荷包。

一罐古朴的心，醇厚得好似百年老酒。一枚机敏的心，感应快捷如电光石火。一颗潦草的心，门可罗雀，疏可走马。一摊胡乱堆就的心，乏善可陈，杂乱无章。一片编织荆棘的心，暗设机关，处处陷阱。一道半是细腻半是马虎的心，好似白蚁蛀咬的断堤。一朵绣花枕头内里虚空的心，是假冒伪劣心界的水货。

心的边疆，可以造得很大很大。像延展性最好的金箔，铺设整个宇宙，把日月包含。没有一片乌云，可以覆盖心灵辽阔的疆域。没有哪次地震、火山爆发，可以彻底颠覆心灵的宏伟建筑。没有任何风暴，可以冻结心灵深处喷涌的温泉。没有某种天灾人祸，可以在秋天，让心的田野颗粒无收。

心的规模，也可能缩得很小很小，只能容纳一个家，一个人，一粒芝麻，一滴病毒。一丝雨，就把它淹没了。一缕风，就把它粉碎了。一句流言，就让它痛不欲生。一个阴谋，就置它万劫不复。

心可以很硬，超过人世间已知的任何一种金属。心可以很软，如泣如诉，如绢如帛。心可以很韧，历经千百次的折损委屈，依旧平整如初。心可以很脆，一个不小心，顿时香消玉碎。

优等的心，不必华丽，但必须坚固。因为人生有太多的压榨和当头一击会与独行的心灵，在暗夜狭路相逢。如果没有精心的特别设计，简陋的心很易横遭伤害、一蹶不振，也许从此破罐破摔，再无生机。没有自我康复本领的心灵，是不设防的大门。一汪小伤，便漏尽全身膏血。一星火药，烧毁绵延的城堡。

心为血之海，那里汇聚着每个人的品格、智慧、精力、情操，心的质量就是人的质量。有一颗仁慈之心，会爱世界，爱人，爱生活，爱自身也爱大家。有一颗自强之心，会勤学苦练、百折不挠、宠辱不惊、大智若愚。有一颗尊严之心，会珍惜自然、善待万物。有一颗流量充沛、羽翼丰满的心，会乘上幻想的航天飞机，抚摸月亮的肩膀。

当以我手塑我心的时候，一定要找好样板，郑重设计，万不可草率行事。造心当然免不了失败，也很可能会推倒重来。不必气馁，但也不可过于大意。因为心灵的本质，是一种行动缓慢而精细的物体，太多的揉搓，会破坏它的灵性与感动。

造好的心，如同造好的船。当它下水远航时，蓝天在头上飘荡，海鸥在前面飞翔，那是一个神圣的时刻。会有台风，会有巨涛。但一颗美好的心，即使巨轮沉没，它的颗粒也会在海浪中，无畏而快乐地燃烧。

目 录

.

健全的心态比一百种智慧更有力量

精神的三间小屋

有一颗大心，才盛得下喜怒，输得出力量。

　　面对那句——人的心灵，应该比大地、海洋和天空都更为博大的名言，我们自惭形秽。我们难以拥有那样雄浑的襟怀，不知累积至那种广袤，须如何积攒每一粒泥土、每一朵浪花、每一朵云霓。

　　甚至那句恨不能人人皆知的中国古话——宰相肚里能撑船，也让我们在敬仰之余，不知所措。也许因为我们不过是小小的草民，即便怀有效仿的渴望，也终是可望而不可即，便以位卑宽宥了自己。

　　两句关于人的心灵的描述，不约而同地使用了空间的概念。人的肢体活动，需要空间。人的心灵活动，也需要空间。那容心之所，该有怎样的面积和布置？

　　人们常常说，安居才能乐业。如今的城里人一见面，就问，你是住两居室还是三居室啊？……哦，两居室窄巴点，三居室虽说不富余，但也算小康了。

身体活动的空间是可以计量的，心灵活动的疆域，是否也可有个基本达标的数值？

有一颗大心，才盛得下喜怒，输得出力量。于是，宜选月冷风清竹木萧萧之处，为自己的精神修建三间小屋。

第一间，盛着我们的爱和恨。

对父母的尊爱，对伴侣的情爱，对子女的疼爱，对朋友的关爱，对万物的慈爱，对生命的珍爱……对丑恶的仇恨，对污浊的厌烦，对虚伪的憎恶，对卑劣的蔑视……这些复杂而对立的情感，林林总总，会将这间小屋挤得满满，间不容发。你的一生，经历过的所有悲欢离合、喜怒哀乐，仿佛以木石制作的古老乐器，铺陈在精神小屋的几案上，一任岁月飘逝。在某一个金戈铁马之夜，它们会无师自通，与天地呼应，铮铮作响。假若爱比恨多，小屋就光明温暖，像一座金色池塘，有红色的鲤鱼游弋，那是你的大福气。假如恨比爱多，小屋就阴风惨惨，厉鬼出没，你的精神悲戚压抑，形销骨立。如果想重温祥和，你就得净手焚香，洒扫庭除，销毁你的精神垃圾，重塑你的精神天花板，让一束圣洁的阳光，从天窗洒入。

无论一生遭受多少困厄欺诈，请依然相信人类的光明大于暗影。哪怕是只多一个百分点呢，也是希望永恒在前。所以，在布置我们的精神空间时，给爱留下足够的容量。

第二间，盛放我们的事业。

一个人从二十五岁开始做工，直到六十岁退休，他要在工作岗位上度过整整三十五年的时光。按一日工作八小时、一周工作五天来算，每年你就要为你的职业付出两千小时。倘若一直干到退休，那就是七万小时。在这个庞大的数字面前，相信大多数人都会始于惊骇，终于沉思。假如你所从事的工作，是你的爱好，这七万小时，将是怎样快活和充满创意的时光！假如你不喜欢它，这漫长的七万小时，足以让花容磨损得日月无光，令你每一天都如同穿着淋湿的衬衣，如芒在背。

我不晓得一下子就找对了行业的人，能占多大比例。从大多数人谈到工作时乏味麻木的表情推断，估计这样的幸运儿不多。不要小觑了事业对精神的濡养或反之的腐蚀作用，它以深远的力度和广度，挟持着我们的精神，使我们成为它麾下持久的人质。

适合你的事业，不靠天赐，主要靠自我寻找。这不但是因为相宜的事业，并非像雨后白桦林的菌子一样，俯拾即是；而且是因为我们对自身的认识，也是抽丝剥笋，需要水落石出的流程。你很难预知，将在十八岁还是四十岁甚至更沧桑的时分，才真正触摸到倾心的爱好。在我们太年轻的时候，因为尚无法真正独立，受种种条件的制约，那附着在事业外壳上的金钱地位，或是其他显赫的光环，也许会灼晕了我们的眼睛。当我们有了足够的定力，将事业之外的赘生物一一剥除，露出它单纯可爱的本质时，可能已耗费半生。然费时弥久，精神的小屋，也定须住进你所爱好的事业。否则，鸠占鹊巢，李代桃僵，那屋内必是鸡飞狗跳，不得安宁。

我们的事业，是我们的田野。我们背负着它，播种着，耕耘着，收获着，欣喜地走向生命的远方。规划自己的事业生涯，使事业和人生呈现缤纷和谐、相得益彰的局面，是第二间精神小屋坚固优雅的要诀。

第三间，安放我们自身。

这好像是一个怪异的说法。我们自己的精神住所，不住着自己，又住着谁呢？

可它又确是我们常常犯下的重大失误——在我们的小屋里，住着所有我们认识的人，唯独没有我们自己。我们把自己的头脑，变成他人思想汽车驰骋的高速公路，却不给自己的思维，留下一条细细的羊肠小道。我们把自己的头脑，变成搜罗最新信息、网罗八面来风的集装箱，却不给自己的发现，留下一个小小的储藏盒。我们说出的话，无论声音多么嘹亮，都是别的喉咙嘟囔过的。我们发表的意见，无论多么周全，都是别的手指圈画过的。

我们把世界万物保管得好好的，偏偏弄丢了开启自己的钥匙。在自己独居的房屋里，找不到自己曾经生存的证据。

如果真是那样，我们精神的小屋，不必等待地震和潮汐，在微风中就悄无声息地坍塌了。它纸糊的墙壁化为灰烬，白雪的顶棚变作泥泞，露水的地面成了沼泽，江米纸的窗棂破裂，露出惨淡而真实的世界。你的精神，孤独地在风雨中飘零。

三间小屋，说大不大，说小不小。于非常世界，建立精神的栖息地，是智慧生灵的义务，每个人都有如此的权利。我们可以不美丽，但我们健康。我们可以不伟大，但我们庄严。我们可以不完满，但我们努力。我们可以不永恒，但我们真诚。

当我们把自己的精神小屋建筑得美观结实、储物丰富之后，不妨扩大疆域，增修新舍。矗立我们的精神大厦，开拓我们的精神旷野。因为，精神的宇宙，是如此辽阔啊。

像烟灰一样松散

我们常说，某人胜就胜在心理上，或说某人败就败在心理上。其中差池不是在理性上，而是在这种心灵张弛的韧性上。

近年结识了一位警察朋友，好枪法。不单单在射击场上百发百中，更在解救人质的现场次次百步穿杨。当然了，这个"杨"不是杨树的杨，而是匪徒的代称。

我向他请教射击的要领。他说，很简单，就是极端平静。我说这个要领所有打枪的人都知道，可是做不到。他说，记住，你要像烟灰一样松散。只有放松，全部潜在的能量才会释放出来，协同你达到完美。

对他的话我似懂非懂，但从此我开始注意以前忽略了的烟灰。烟灰非常松散，几乎没有重量和形状，真一个大象无形。它们懒洋洋地趴在那里，好像在冬眠。其实，在烟灰的内部，栖息着高度警觉和机敏的鸟群，任何一阵微风掠过，哪怕只是极轻微的叹息，它们都会不失时机地腾空而起、御风而行。它们的力量来自放松，来自一种飘扬的本能。

松散的反面是紧张。几乎每个人都有过由于紧张而惨败的经历。比如，考试的时候，全身肌肉僵直，心跳得好像无数个小炸弹在身体的深浅部位依次爆破。手指发抖，头冒虚汗，原本记得滚瓜烂熟的知识，改头换面潜藏起来，原本泾渭分明的答案变得似是而非，泥鳅一样滑走……面试的时候，要么扭扭捏捏、不够大方，无法表现自己的实力，要么口若悬河、躁动不安，拿捏不准问题的实质，只得用不停地述说掩饰自己的紧张，适得其反……相信每个人都储存了一大堆这类不堪回首的往事。在最危急的时刻能保持极端放松，不是一种技术，而是一种修养，是长期潜移默化修炼提升的结果。我们常说，某人胜就胜在心理上，或说某人败就败在心理上。其中差池不是在理性上，而是在这种心灵张弛的韧性上。

你看，那烟灰曾经是火焰，燃烧过，沸腾过，但它们此刻安静了。它们毫不张扬地、聚精会神地等待着下一次的乘风而起，携带着全部的能量，抵达阳光能到的任何地方。

我很重要

重要并不是伟大的同义词，它是心灵对生命的允诺。

　　当我说出"我很重要"这句话的时候，颈项后面掠过一阵战栗。我知道这是把自己的额头裸露在弓箭之下了，心灵极容易被别人的批判洞伤。许多年来，没有人敢在光天化日之下表示自己"很重要"。我们从小受到的教育都是——"我不重要"。

　　作为一名普通士兵，与辉煌的胜利相比，我不重要。

　　作为一个单薄的个体，与浑厚的集体相比，我不重要。

　　作为一位奉献型的女性，与整个家庭相比，我不重要。

　　作为随处可见的人的一分子，与宝贵的物质相比，我们不重要。

　　我们——简明扼要地说，就是每一个单独的"我"——到底重要还是不重要？

　　我是由无数日月星辰、草木山川的精华汇聚而成的。只要计算一下我们一生吃进去多少谷物，饮下了多少清水，才凝聚成一具精美绝伦的躯体，我们一定会为那数字的庞大而惊讶。平日里，我们尚要珍惜一粒米、一叶菜，难道可以对亿万粒菽粟、亿万滴甘露濡养出的万物之灵，掉以丝毫的轻心吗？

当我在博物馆里看到北京猿人窄小的额和前凸的吻时，我为人类原始时期的粗糙而黯然。他们精心打制出的石器，用今天的目光看来不过是极简单的玩具。如今很幼小的孩童，就能熟练地操纵语言，我们才意识到人类已经在进化之路上前进了多远。我们的头颅就是一部历史，无数祖先进步的痕迹储存于脑海深处。我们是一株亿万年苍老树上最新萌发的绿叶，不单属于自身，更属于土地。人类的精神之火，是连绵不断的链条，作为精致的一环，我们否认了自身的重要，就是推卸了一种神圣的承诺。

回溯我们诞生的过程，两组生命基因的嵌合，更是充满了人所不能把握的偶然性。我们每一个个体，都是机遇的产物。

常常遥想，如果是另一个男人和另一个女人，就绝不会有今天的我……

即使是这一个男人和这一个女人，如果换了一个时辰相爱，也不会有此刻的我……

即使是这一个男人和这一个女人在这一个时辰，由于一片小小落叶或是清脆鸟啼的打搅，依然可能不会有如此的我……

一种令人怅然以至走入恐惧的想象，像雾霭一般不可避免地缓缓升起，模糊了我们的来路和去处，令人不得不断然打住思绪。

我们的生命，端坐于概率垒就的金字塔的顶端。面对大自然的鬼斧神工，我们还有权利和资格说我不重要吗？

对于我们的父母，我们永远是不可重复的孤本。无论他们有多少儿女，我们都是独特的一个。

假如我不存在了，他们就空留一份慈爱，在风中蛛丝般飘荡。

假如我生了病，他们的心就会皱缩成石块，无数次向上苍祈祷我的康复，甚至愿灾痛以十倍的烈度降临于他们自身，以换取我的平安。

我的每一滴成功，都如同经过放大镜，进入他们的瞳孔，摄入他们心底。

假如我们先他们而去，他们的白发会从日出垂到日暮，他们的泪水会使太平洋为之涨潮。面对这无法承载的亲情，我们还敢说我不重要吗？

我们的记忆，同自己的伴侣紧密地缠绕在一处，像两种混淆于一碟的颜色，已无法分开。你原先是黄，我原先是蓝，我们共同的颜色是绿，绿得生机勃勃，绿得苍翠欲滴。失去了妻子的男人，胸口就缺少了生死攸关的肋骨，心房裸露着，随着每一阵轻风滴血。失去了丈夫的女人，就是齐崭崭折断的琴弦，每一根都在雨夜长久地自鸣……面对相濡以沫的同道，我们忍心说我不重要吗？

俯对我们的孩童，我们是至高至尊的唯一。我们是他们最初的宇宙，我们是深不可测的海洋。假如我们隐去，孩子就永失淳厚无双的血缘之爱，天倾东南，地陷西北，万劫不复。盘子破裂可以粘起，童年碎了，永不复原。

伤口流血了，没有母亲的手为他包扎。面临抉择，没有父亲的智慧为他谋略……面对后代，我们有胆量说我不重要吗？

与朋友相处，多年的相知，使我们仅凭一个微蹙的眉尖、一次睫毛的抖动，就可以明了对方的心情。假如我不在了，就像计算机丢失了一份不曾复制的文件，他的记忆库里留下不可填补的黑洞。夜深人静时，手指在拨了几个电话键码后，骤然停住，那一串数字再也用不着默诵了。

逢年过节时，她写下一沓沓的贺卡。轮到我的地址时，她闭上眼睛……许久之后，她将一张没有地址只有姓名的贺卡填好，在无人的风口将它焚化。

相交多年的密友，就如同沙漠中的古陶，摔碎一件就少一件，再也找不到一模一样的成品。面对这般友情，我们还好意思说我不重要吗？

我很重要。

我对于我的工作、我的事业，是不可或缺的主宰。我别出心裁的创意，像鸽群一般在天空翱翔，只有我才捉得住它们的羽毛。我的设想像珍珠一般散落在海滩上，等待着我把它们用金线串起。

我的意志向前延伸，直到地平线消失的远方……没有人能替代我，就像我不能替代别人。我很重要。

我对自己小声说。我们在不重要中生活得太久了，我还不习惯嘹亮地宣布这一主张。我很重要。

我重复了一遍。声音放大了一点。我听到自己的心脏在这种呼唤中猛烈地跳动。我很重要。

我终于大声地对世界这样宣布。片刻之后，我听到山岳和江海传来回声。

是的，我很重要。我们每一个人都应该有勇气这样说。我们的地位可能很卑微，我们的身份可能很渺小，但这丝毫不意味着我们不重要。

重要并不是伟大的同义词，它是心灵对生命的允诺。

人们常常从成就事业的角度，断定我们是否重要。但我要说，只要我们时刻努力着，为光明奋斗着，我们就是在无比重要地生活。

让我们昂起头，对着我们这颗美丽的星球上无数的生灵，响亮地宣布——

我很重要。

自信第一课

我的三年习医生涯，在我的生命中是一个重大的转折。我从生理上洞察人体，也从精神上对自己有了更多的信任。

1972 年的一天，领导通知我速去乌鲁木齐报到，新疆军区军医学校在停顿若干年后这年第一次招生，只分给阿里军分区一个名额，首长经过研究讨论，决定让我去。

按理说，我听到这个消息应该喜出望外才是。且不说我能回到平地，吸足充分的氧气，让自己被紫外线晒成棕褐色的脸庞得到"休养生息"，就是从学习的角度讲，在"重男轻女"的部队能够把这样宝贵的唯一的名额分到我头上，也是天大的恩惠了。但是在记忆中，我似乎对此无动于衷，也许是雪山缺氧让大脑迟钝了。我收拾起自己简单的行李，从雪山走下来，奔赴乌鲁木齐。

1969 年，我从北京到西藏当兵，那种中心和边陲的，文明和旷野的，高地和凹地的，温暖和酷寒的，五颜六色的和纯白的……一系列剧烈反差，就让我的心发生了沧海桑田般的变化。离死亡咫尺之遥，面对冰雪整整三年，我再也不是当初那个天真烂漫的城市女孩，内心已变得如同喜马拉雅山万古不化的寒冰般苍老。我不会为了什么突发事件和急剧变革而大喜大悲，只会淡然承受。

入学后，从基础课讲起，用的是第二军医大学的教材，教员由本校的老师和新疆军区总医院临床各科的主任、新疆医学院的教授担任。记得有一次，考临床病例的诊断和分析。要学员提出相应的治疗方案。那是一个不复杂的病案，大致的病情是由病毒引起重度上呼吸道感染，病人发烧、流涕、咳嗽，血象低，还伴有一些阳性体征。我提出方案的时候，除了采用常规的治疗，还加了抗生素。

讲评的时候，执教的老先生说："凡是在治疗方案里使用了抗生素的同学都要扣分。因为这是一个病毒感染的病例，抗生素是无效的。如果使用了，一是浪费，二是造成抗药，三是无指征滥用，四是表明医生对自己的诊断不自信，一味追求保险系数……"老先生发了一通火，走了。

后来，我找到负责教务的老师，讲了课上的情况，对他说："我就是在方案中用了抗生素的学员。我认为那位老先生的讲评有不完全的地方。我觉得冤枉。"

教务老师说："讲评的老先生是新疆最著名的医院的内科

主任，他的医术在整个新疆是首屈一指的。他是权威，讲得很有道理。你有什么不服的呢？"

我说："我知道老先生很棒。但是具体问题要具体分析。他提出的这个病例并没有说出就诊所在的地理位置。比如要是在海拔 5000 米以上的高原，病员出现高烧等一系列症状，明知是病毒感染，一般的抗生素无效，我也要大剂量使用。因为高原气候恶劣，病员的抵抗力大幅度下降，很可能合并细菌感染。如果到了临床上出现明确的感染征象时才开始使用抗生素，那就晚了，来不及了。病员的生命已受到严重威胁……"

教务老师沉默不语。最后，他说："我可以把你的意见转告给老先生，但是，你的分数不能改。"

我说："分数并不重要。您听我讲完了看法，我已知足了。"

教室的门开了，校工闪了进来，搬进来一把木椅子，摆在讲案旁，且侧放。我们知道，老先生又要来了。也许是年事已高，也许是习惯，总之，老先生讲课的时候是坐着的，而且要侧着坐，面孔永远不面向学生，只是对着有门或有窗的墙壁。不知道他是有这样的积习，还是不屑于面对我们，或是有什么难言之隐。

这一次，老先生反常地站着。他满头白发，面容黢黑如铁，身板挺直如笔管。

老先生目光如锥，直视大家，音量不大，但在江南口音中运用了力道，话语中就有种清晰的硬度了。他说："听说有人对我的讲评有意见，好像是一个叫毕淑敏的同学。这位同学，你能不能站起来，让我这个当老师的也认识你一下？"

我只得站起来。

老先生很注意地看了我一眼，说："好。毕淑敏，我认识你了，你可以坐下了。"

说实话，那几秒钟，真把我吓坏了。不过，有什么办法呢？说出的话就像注射到肌肉里的药水一样，你是没办法抠出来的。

全班寂静无声。

老先生说："毕淑敏，谢谢你。你是好学生，你讲得很好。你的话里有一部分不是从我这儿学到的，因为我还没有来得及教给你那么多。是的，作为一个好医生，一定不能全搬书本，一定不能教条，要根据具体情况决定治疗方案。在这一点上，你们要记住，无论多么好的老师，也不可能把所有的规则都教给你们。我没有去过毕淑敏所在的那个 5000 米高的阿里，但是我知道缺氧对人的影响。在那种情况下，她主张使用抗生素是完全正确的。我要把她的分数改过来……"

我听到教室里响起一阵轻微的欢呼。因为写了抗生素治疗的不仅我一个，很多同学为这一改正而欢欣。

老先生紧接着说："但在全班，我只改毕淑敏一个人的分数。你们有人和她写的一样，还是要被扣分。因为你们没有说出她那番道理，是知其然而不知其所以然。你现在再找我说也不管事了，即使你是被冤枉的也不能改。因为就算你原来想到了，但对上级医生的错误没敢指出来。对年轻的医生来说，忠诚于病情和病人，比忠实于导师要重要得多。必要的时候，你宁可得罪你的上司，也万万不能得罪你的病人……"

这席话掷地有声。事情过去这么多年，我仍旧能够清晰地记得老先生如锥的目光和舒缓但铿锵有力的语调。平心而论，他出的那道题目是要求给出在常规情形下的治疗方案，而我竟从某个特殊的地理环境出发，并苛求于他。对一个初出茅庐的年轻人的不全面的异议，老先生表现出虚怀若谷的气量和真正医生应有的磊落品格。

真的，那个分数对我来说完全不重要，重要的是我在此番高屋建瓴的话语中悟察到了一个优秀医生的拳拳之心。

我甚至有时想，班上同学应该很感激我的挑战才对。因为没过多长时间，老先生就因为身体的关系不再给我们讲课了。如果不是我无意中创造了这个机会，我和同学们的人生就会缺少一段非常宝贵的教诲。

我的三年习医生涯，在我的生命中是一个重大的转折。我从生理上洞察人体，也从精神上对自己有了更多的信任。我知道了我们的灵魂居住在怎样的一团组织之中，也知道了它们的寿命和局限。如果说在阿里的时候我对生命还只有模模糊糊的敬畏，那么，老先生的教诲使我确立了这样的观念：一生珍爱自身，并把他人的生命看得如珠似宝，全力保卫这宝贵而脆弱的珍品。

击碎无所不在的尺

永远不要把别人的进步，当成衡量你自己有无能力的尺度。

以最平凡的态度，做最不平凡的事情。这就是"平常心"的真谛了。

"平常心"这几个字，说的人多，真正明白的人没有那么多。因为"平常"，并不是听之任之、随波逐流，它是一种务实而踏实的人生态度，是高度智慧的不经意体现，是坚强意志的莞尔一笑，并不像我们想象的那样容易实现。

如果别人对你没有要求，其实是很惨的事情。你被放逐了，你会产生无价值感，会丧失了归属感。所以，当别人对你有很高要求的时候，你不必沮丧。那正是因为他高看了你的能力，以为你能够胜任。当然了，如果他的要求确实超出了你的能力范畴，你可以提出看法，但不必垂头丧气。

到处是尺。尺度要人命。身高是尺，因为它赫然列在征婚条件的前几行。体重是尺，因为它和很多人的自我形象密切相关。职务是尺，简直就是衡量你是否进步的唯一阶梯。排名是尺，无论在国际上还是在国内、省内、校内、班内，都是你的资格和位置的标杆。然而，设立尺的那个人是谁？人们已经忘记。

把自己从尺度中救出来，是当务之急。

永远不要把别人的进步，当成衡量你自己有无能力的尺度。那是不自信的人惯用的方式。无论是对自己还是对别人，万勿期望太高。同学聚会的时候，你尽管放松，我们因过去的友谊而重逢，这并不是今日境况的比武场。

决定日月决定悲喜

年轻的时候，你除了可以决定自己的方向和选择，再就是可以决定心情。

别听信那些年轻有多么美好的话儿，听了也千万不要当真。

青春时，你一无所有，有的只是特别敏感的神经和特别匮乏的机遇。当然，还有双手和大脑。

不要津津乐道那些贵人相助、云开雾散的故事。那是极小概率的事件，而你，不过是大概率事件当中的一员。养成自甘普通的心态非常重要，可以让你一辈子宠辱不惊。有道是由俭入奢易，由奢入俭难。认定自己是普通人，就是情绪上的勤俭持家。偶遇常人难以企及的好运，就是人生的奢侈。你不用怕自己适应不了天降祥瑞，就天天一厢情愿地预演美事。白日梦做多了，容易怨天尤人、走火入魔。

不要对比，容易滋生沮丧。人和人是不一样的。比父母，你如处在低等阶层，就会生出父母不如人的怨气，而我们永远不能怨恨父母将我们生出，因为生命神圣。比相貌，假如你不是国色天香、潘安再世，就会生出自卑心理。相貌是不可改变的，你必须接受天然的模样，从此泰然处之。比学历，假如你的学历不够高，你可以继续努力读书。假如你所热爱的事务，主要需从实践中学习，那你就不必拘泥于一纸文书，你可以努力让自己成为这一行的佼佼者，再去教导后人。比房子大小，更是和动物撒尿圈领地属于同等级别，是没有品位的事情。你知道史上那些英雄豪杰住过的房子有多少平方米吗？如果你不知道，那就证明这件事不能青史留名。也许你说你是普通人，和青史无干，那就更没有必要在这件事情上攀比了。从环保的角度讲，人不应该霸占那么大的地方，留给别人空间，是一种大修养。

年轻人常常感觉很无助，无助的根源就在于比较。只要你收起了比较，你就享有了最基本的自由。

年轻时神经非常敏锐，感官非常丰富。一切痛苦都会被放大，令你哀痛难熬。一切欢乐又那么稍纵即逝，令你惆怅惋惜。你常常以为，当你拥有了某些东西，比如业绩，比如融进一个城市，比如住在豪宅里，比如提升到某个职务，比如获得了某个奖励，比如娶了美女或嫁了高富帅……从此你就掉到蜜罐里，永无痛楚。但真实的情况是，你拥有那些东西之后，忧愁依然在，茫然依然在，唯一不在的是你的耐心。

我看过一个资料，说是这世界上真正有作为的专家，要对所操行业达到专精水平，至少要经过一万小时的学习或训练。关于天赋和师资等条件咱们姑且不论，单是时间，就漫长到令人绝望。按每日五小时浸淫其中（专注的时间太长，反倒没有效率。此处指的是全神贯注的高质量学习时间），要两千天。按照每年两百个工作日计算，需整整十年。

十年！足以让一个血气方刚的青年，变成沉着稳定的中年。

年轻时磨炼之意义，就在于这些过程你经历过，就在于你终于知道它的转归。你必须有耐心，在看起来毫无希望的时候，不急于求成。举个自己的例子，我年轻时在意的很多东西，现在已经褪去颜色。我在意过生死，当我距离它尚远的时候，噤若寒蝉；当我离它更近的时候，反倒从容。我在意过名次，现在索性不参加比赛了，做一个怡然耕耘的人，汗水之外，两袖清风。我在意过朋友的多寡，现在才知道，有一些人当初就不是为了友谊而来。如落叶遇到风霜，散去本是正常。不变的是我的人生，越来越静谧。

年轻时多选择，每个选择都通往不同的道路，每逢选择时就会不安，生怕一着不慎，满盘皆输。比如，在街头一间不算太大的超市里，共有超过两万五千多种商品可供你选择。只要你乐意购买，有将近一万份期刊可供你阅读。你还可以选择收看几百个电视台下的任何一个频道。更不用说打开电脑，有海量的信息如原始时期的大洪水般扑来，可以将你淹得两眼翻白。

不用那么紧张。

只要你的选择和你的人生大方向相一致，你的基本价值观是真善美的，那么，就不会犯原则性的错误。这就是年轻的好处，走错了，你可以重新再来。如果因为怕犯错误而驻足不前，那才是枉费了青春，犯了最大的错误。

年轻的时候，你除了可以决定自己的方向和选择，再就是可以决定心情。你会没有很多东西，但你一定有自己的心情。你不能改变很多东西，但你一定能改变自己的心情。所以，你可以决定日月，决定悲喜。

你或许要说，日和月，多么光芒万丈的天体，我哪里就能决定它们呢？别着急，日和月合在一起，是什么？是明天的"明"字啊。通过努力，我们可以把握自己的明天，让自己开始喜悦的清晨。

承认自卑，就是改变它的第一步

请你放弃认定自己是倒霉蛋的想法。这真是让亲者痛仇者快的语言。

自卑的人最爱说的一句话就是——我的运气不好，总是碰上倒霉的事情，同时伴以悲切哀苦的表情。

天底下有没有倒霉的事情呢？一定是有的。会不会只落在你一个人头上呢？一定不会的。千万不要发出这样的抱怨，这简直就是对厄运寄出了邀请函，还是特快专递。人的期望也是一种能量，美好的能量会召唤来天使，邪恶的能量会诱惑来恶魔。就算你不信我的这种说法，也请你放弃认定自己是倒霉蛋的想法。这真是让亲者痛仇者快的语言。假如你不是自虐狂，就要离这种消极、晦气的想法远一点！再远一点！

天地间，能够展开旗帜的风，其实经常刮起。如果你手中没有旗，没有幡，甚至连手绢都没有一块，谁又能看到希望的招展呢？

自卑的人常常会想，我不重要，必定低人一等。

这个想法是错误的。它错在哪里了呢？第一错，是把人分成了三六九等。有人说，你看看周围，平等吗？不平等到处可见啊！我说你看到的我也看到了，我也知道这个世界是不平等的，但我们是不是要为一个比较平等的社会而奋斗呢？如果你愿意参加这样一场奋斗，那么，你就不要把自己列入不平等的行列。至于说到谁重要谁不重要，我以前曾经写过一篇"我很重要"的文章，就是说我们每个人都很重要。多年以来，我收到过若干封读者来信，说他们曾经挣扎在死亡的边缘，因为看到了我这篇文章，才发现自己并非像草芥一样无足轻重，其实自己也很重要……我始终认为，一篇文章能够起到的作用，是极为渺小的。这些人最终之所以从死亡的旋涡飞腾而起，是因为在他们的内心深处，残存着希望的火种，他们知道自己的价值，他们知道自己是重要的。

人生只有一次，如飞而逝，为什么不把它千姿百态地度过？为什么不在最短的时间内，向这个世界发出最嘹亮动人的表达？你可以分享你的才华，表演你的天赋，帮助更多的人们，体验到人生原来可以这样度过，做一个精灵般的模板，让孤独远去。

人得病的时候，往往是自卑的，因为健康受损了。

人的生命就是一个向上的抛物线，当我们的体力到达顶峰之后，我们就会逐渐衰弱下去，直到最后一蹶不振，回归泥土。

早年我当实习军医的时候，有一位垂死的老者对我说："人为什么要变得一点力量也没有呢？为什么再也听不见鸟叫了呢？为什么尝不到年轻时尝过的好味道呢？为什么看不清窗外的景色呢？为什么原来能做的事情，现在一点也做不成了呢？为什么连大小便我都自己完不成了呢？人为什么要在这种情况下死去？"

那时我年轻，我第一次目睹死亡在我面前慢慢地降临，第一次知道老者也有这么多的为什么。在那之前，我以为死亡是一瞬间的事情，比如被子弹击中，比如在发生车祸的刹那，我以为人老了自然就会把一切想通、看开。直到在这位老人面前，我知道了正常的死亡就是缓慢地枯萎和凋零，我知道了人对病痛和死亡有那么多义愤填膺的不甘。

如果是今天，我也许会用别的语言和这位老者交谈。可惜，那时候的我太年轻。我和他没心没肺地探讨："那么，您认为如果人不是老了才死，该是什么阶段死亡比较相宜？"

老者很认真地思考这个问题，说，还是童年的时候死吧，那时人们还不知道死亡是什么东西。

我刚从小儿科实习完，就很不服地说，他们那么小，还不知生命是怎么回事就死了，好像不合适。

老者想想说，那就年轻时死掉好了，省得老年时这般无力。

那时我二十出头，正属于老者认为该死的年龄，立刻大叫起来，说："我们意气风发、血气方刚的，为什么要死呢？再说，青壮年都死了，人类社会怎么发展呢？"

老者不理我，按照自己的思绪说下去："要不，就正当年的时候死吧。该看的，都看到了；该吃的，都尝过了；该干的活，也干得差不多了，就死吧。"

我说："都活到这会儿了，炉火正红，干什么不精神抖擞地活下去呢？生硬地把一棵参天大树伐倒，那是不道德的。"

老人听完了我的话，望着窗外坠落的夕阳，半晌没有说话，突然就张开没牙的嘴绽开了微笑。他说："好吧，还是把死亡留到人老的时候吧。虽然一天天枯竭，心里很不是滋味，但已经如此有滋有味地走过了一辈子，也会接受这个结尾……"

疾病是死亡吹拂而来的阵风。如果你能接受生命的灿烂，也请接受死亡这匹深蓝色的幕布。它们本是一体，就像经线和纬线，在经纬交织之处，缀着疾病的碎花。不要因为疾病而害怕和自卑，它们原本就是生命的正常组成部分，泥沙俱下。

对死亡思索的能量之大，足以改变任何一个人对世界的看法。从此你的人生才能进入真正意义上的独立自主，开始没有参照系的探寻与建造。

更有甚者，认为思考死亡，能让人快乐。这可不是我心血来潮、信口开河。美国《心理学》月刊发布的研究报告指出，当人们思考死亡并不得不面对生死抉择的时候，往往会变得更快乐。这是一种心理免疫反应，大脑会下意识地搜寻并触发体内的快感。

提出这一结论的是肯塔基大学心理学家德沃尔和佛罗里达大学的罗伊·鲍梅斯特。他们在432名志愿者中进行了一场测试。其中有一半人被告知，你可能马上就要死了，请简短地写出将要发生什么。另一半人被要求写出牙痛的感觉。结果表明，前一组学生写出的词汇更积极、更乐观。科学家们认为，当人们想到死亡的时候，可能有一些害怕，但人们最终会恢复过来，并意识到现实生活带来的快乐。

哈佛大学的心理学教授丹尼尔·吉尔伯特也证实了这一观点。他说，人和其他动物的不同之处，在于能意识到自己随时都可能离世，如果将这种意识贯穿到日常生活中，就可能形成心理免疫反应，反而变得更加坚强起来。这种心理反应也是心理健康的标志之一。

科学家们没有指出这种思考的根据是什么，只是提到了一句"大脑会下意识地搜寻并触发体内的快感"。我冒昧地揣测，很可能是内啡肽参与了其中的意识转折。

有的人觉得自己的自卑很有理由，因为他生而残疾。残疾不是自卑的同义词，也不是它的反义词。在精神的领域里，它是一个中性的存在。如果你残疾，只是表明你将遭受更多的磨难，并不代表着你的意志必然被压倒，不代表着你自卑是常态。你依然可以颜面亲和，用语喜人，微笑着面对厄运。

以上所列出的这些偏见，仅仅是偏见的很小一部分。偏见是个巨大的仓库，几乎世上所有的事物都可以被偏见涂抹成自卑的理由。下面，让我们试着来反驳这些偏见。

关于性别，我们已经说了很多。早年间，有一位女子昂然宣布她是一位女权主义者。人们对女权主义者总是有一个先入为主的印象，觉得她们大多穿着中性服装，横眉立目，言谈举止之间，咄咄逼人。但眼前的这一位完全不是人们想象中的样子，她温文尔雅、十分谦和。

我说，你好像不像女权主义者啊。

她莞尔一笑道，你以为女权主义者都会随时从口袋里抽出一支枪吗？

我说，究竟怎样才算是一个女权主义者呢？

她若有所思道，有很多定义。我喜欢最简单的一种。

我说，我也喜欢简单。你说的是哪一种呢？

她说，如果你认为这个世界上目前还存在着男女不平等的现象，如果你觉得这个现象是不公平的，你愿意通过你的努力，让它变得比较公平，那么，你就是一个女权主义者了。

我不知道这是不是女权主义者的经典定义。但我坚定地认为，男性和女性在生命的价值上是完全平等的，因此，无论是男子还是女子，都不必因为自己的性别而自卑。

关于外貌的话题，我们已经说了很多。以前，我觉得这不是一个太重要的问题，也许是因为当医生的经历，让我觉得健康比美观更重要；也许是因为我年轻的时候，在西藏阿里当兵，那时候那地方男女比例高度失调，无论我多么其貌不扬，也还是有人追求，不太拿长相当回事儿。不过这几年当心理医生，我知道有太多的年轻人对此耿耿于怀，甚至到了锱铢必较的地步。

一个人的外貌不能选择，很多并不美丽的人也依然成功和快乐。世界上长得十全十美的人非常稀少，甚至说是没有的。而且人们对外貌美丽的看法和评价标准常常改变。当经历饥荒和战乱的年代之后，人们就以胖为美，比如唐代的大美女杨玉环，按照今天的观点，就有所缺憾了，单是从健康的角度来说，也值得商榷。她即便算不上肥胖，超重也是一准的。如果她不在马嵬坡归天，安然活到老年，糖尿病啊高血压啊，估计也是逃不掉了。但在物质供应比较丰富的时代，就多以瘦削为美。在一个艾滋病没有得到有效控制的国度里，又回到了以胖为美。当地艾滋病的发病率很高，大家都知道艾滋病发病后，人很容易消瘦，所以大家觉得这个人挺胖，就说明他目前可能还未感染艾滋病，这个标准很滑稽。

按照"不美貌就自卑"的逻辑，所有的人都要陷入自卑的泥坑，永远不能自拔。

以下是关于"我不够聪明"的辩护词。

我们在前面讲过，聪明只是人的众多才能中的一种，并不能概括所有的智慧。况且聪明人也往往办傻事，聪明反被聪明误。刘备没有诸葛亮聪明，可他是诸葛亮的领导。林黛玉聪明，可她并不幸福。

再为"我不讨人喜欢"翻案。

我们的价值不是因为别人喜欢不喜欢而存在的，别人如何看待你，是他的自由。你是不是要全盘接受一个不喜欢你的人的看法，并且把它变成自己的行动准则呢？

至于"我的运气不好，总是碰上倒霉事情"的说法，这就像"我的运气很好，总是碰上幸运的事情"一样，都是禁不起推敲的，这不是普遍规律。如果有人说："只要我出手，事情一定会办好。"我们都会笑话他太幼稚了，反之也是一样的。当然了，把事情办好不容易，如果你打定主意把事情办坏，那失败的概率就可能很高了。但是，请注意，我们说的是"你打定主意把事情办坏"，如果不是别有用心，有谁会这样办事情呢？当然了，这也从反面证明了，如果你自卑，总是对自己进行消极的暗示，你的状况真的会江河日下，那你更要改变自己的自卑心理，早日走出阴影。

关于一个人到底重要还是不重要，你可以去看看大自然。在一处名胜古迹，有一株古树，据说是周朝时就栽在那里了。古树生机盎然，沧桑古朴。我想它有几千年的历史（从西周算起，三千多年了），这真是值得骄傲的一棵树啊。但是，我一低头，看到古树下的小草，嫩绿纤细，一阵微风吹来，它就摇晃不停，要好半天才能稳定下来。我想，在一个有着几千年历史的老爷爷面前，这棵小草，实在是应该非常自卑，简直就是不应该活着了。可是，大自然不是这样的，你看不到一棵树木因为羞惭而不努力生长。为什么我们成了万物之灵长，反倒连这个简单朴素的道理都忘记了？

所有的人都很重要，因为你是一个独特的生命，没有人能替代你的感觉，代替你生命的过程。不是只有伟大的人才重要，每一个生命都宝贵而重要。如果每一个人都是不重要的，那么我们整体也就不重要了。

如果你从根本上怀疑自己存在的必要，那就真的无可救药了。

关于得病的人，健康受损的人，是不是要自卑，我觉得可以这样反过来看。

如果你觉得只有健康的人才能享有自尊，那么你实际上就否定了很多人的生命过程，也否定了自己。你在和新陈代谢这样一个伟大的规律风车作战，你比堂吉诃德的助手桑立还可笑，失败就在所难免了。

关于生而残疾的话题，我已经说过很多了。健康包括三个方面，生理的、心理的和社会适应性的完好状态。一方面的欠缺并不等于满盘皆输，我们可以举出很多例子，说明身体的残疾反倒更加鼓舞了一些人的斗志，变成了动力而非阻力。况且，就算身体不健康了又能怎样？太阳照常升起，鲜花照样盛开。

承认自己自卑，就是改变它的第一步。

写下自己的优点

多看自己的优点，不是让你骄傲，是让你树立起信心，也学会懂得欣赏别人。

阿尔弗雷德·阿德勒认为，人从一出生就伴随着自卑感，之后需要用一生的时间，去提高自己的技能、优越感和对别人的重要性。

卑微也是我们的朋友，卑微里也有不容小觑的力量。

应对自卑有一个好方法，就是不要总把目光停留在缺憾处，应转而注意自己的优点。具体步骤就是写下自己的优点。

不要以为优点都是惊天动地的。我看过一个人写下的优点就是"爱睡觉"，我觉得这很可爱。因为失眠是非常痛苦而且顽固的毛病，对我们的健康干扰很大，一个人爱睡觉并且睡得着，这难道不是大大的优点吗？

有一次，我去参加一个孩子们的聚会，当让大家写出优点的时候，相当一部分人交了白卷，没有交白卷的，也是在上面画了个大大的圆圈，意思就是"优点为零"。

这样的孩子，就是自卑的后备军。

诚实果敢，智慧助人，勤劳朴实，守时互信，任劳任怨，一不怕苦二不怕死，善解人意……这些都是优点。

早睡早起，拾金不昧，歌声悠扬，舞姿柔曼，这些也都是优点。

字写得好，衣服洗得干净，会修理电器，能爬山，会开汽车，这也都是优点啊。

吃饭不掉米粒，指甲总是剪得短短的，没有污垢。牙齿刷得很洁白，脸上常带笑容，睡觉不打呼噜……

不作践自己的身体，不染黑自己的语言，不屈膝以把自己调出讨好众人的姿态，不让自己因为懒惰而装扮成散淡的人。

这些也都是优点!

多看自己的优点，不是让你骄傲，是让你树立起信心，也学会懂得欣赏别人。

记得啊，不要做一个完美主义者。

世界本来就是不完美的，太阳有黑子，月亮有阴晴圆缺。十个手指头伸出来还长短不齐呢。

在决定不做一个完美主义者之后，你就要宽容自己。出了差错，找到了原因，制定了避免的措施，适当的自责之后，就向前看。旧的一页翻过去了，新的篇章开始了。不在写满了字迹的纸张上画新的图画。

回顾自己的成就，如果你愿意，就把自己已经取得的成绩，写在一个精美的小本子上，自卑发作的时候，不妨拿出来看看。你有过怎样的胜利？不管它们看起来如何微不足道。从赢得一场比赛的冠军，到气喘吁吁地爬到了山顶。

你成功地面对过怎样的挑战？从一个不可能完成的任务，到学会了一项本领。

你有什么技能？从一门手艺、一个秘诀到炒得一手好菜。

他人对你有过什么正面评价？从领导说这个人很有潜力到街坊老奶奶说你有孝心。

估计这个法子很多人觉得陌生。咱们耳熟能详的话是"不要躺在功劳簿上"，好像功劳簿是个让人丧失斗志的朽坏榻榻米。也许，对一些狂妄自大的人来说，功劳簿是有害的，更是退步的温床。对一般人来说，功劳簿是可以有的，甚至是必须有的。只是你不必躺在上面，你看看，想想自己也曾成功和胜利，当自卑的情绪悄然隐退之后，你就把功劳簿从容地收起来，然后斗志昂扬地重新出发。

你要不断地鼓励自己。注意啊，鼓励和表扬是不同的，表扬更多是看到结果，而鼓励是看过程。自己是否已经尽力？我们习惯于别人鼓励我们，但是，不要把鼓励看成别人的专利，要大力提倡将鼓励和自我鼓励相结合。对别人，我们要多多鼓励：做父母的，要鼓励孩子；做丈夫、妻子的，要鼓励爱人；做领导的，要鼓励下属；做朋友的，要鼓励朋友。最重要的，是要学会自我鼓励。要知道，我们身体里百千亿个细胞，漫长的血管和搏击不停的心脏，都在期待着鼓励。我们的胸膛、大脑、眼睛和四肢百骸，都需要清晰的、明确的、充满温情的鼓励。清晨你醒来，鼓励自己这是新的一天，太阳再次升起，将烦恼留在黑夜，一切重新开始。夜晚你入睡，鼓励自己无论成功还是失败，你都在学习中成长。

挖掘心灵第一图

人的感受有一种特质——无比忠诚。出于种种的利害关系，它可以欺骗别人，但它为自己保留下的图谱不会是赝品。

一位睿智老人说，在每个人的心灵深处都珍藏着一幅对这个世界最初的印象图画。它储存在脑海的褶皱中，平时被繁杂的信息遮挡，好像昏睡的幽灵不理晨昏，但它无所不在地笼罩着我们，统领着每个人对世界的基本视点。好像一纸符咒，规定了我们探询世界的角度。

这话挺玄秘的，有点巫术的味道。我不服，挑战地问："可以当场试试吗？"

老人很谦和地一笑，说："一家之言。你可以信，也可以不信。"

我说："我恰好知道一个人的心底图像。您若说中了，我就信。"

老人淡然回答："行啊。"

我说："这个人啊，脑海里留下的最朦胧也最原始的图像是一片无边的荒漠，尘沙漫天，但他周围的小环境不错，好像是一个温暖的怀抱，有袅袅的香气环绕……"

说完，我定定地看着老人，且听他如何分解。

老人缓缓地说："他的精神世界对立而单纯，沉重而简明。他对世界本质的认识充满疑惧，觉得人力无法胜天；宇宙不可知；人是孤独渺小的生物，基调混沌而迷茫。但他还会快乐而努力地活着，时时感受到温情和带着暖意的希望，寻找一个光亮、安静、芬芳的所在……"

说完后，老人问我："他是这样一个人吗？"

我抑制住自己的大惊异，说："对与不对，以后我再告诉您。现在，我最想知道的就是您这种分析的基本方法，能教我一些吗？"

老人说："少许心得，不值多说。有点占卜的意味，但并不是街头的摆摊算卦。你先让被试者静静地躺下，拼命想早先的事。意识好比柳絮，能飞多远飞多远。回忆的触角竭力向脑仁深处钻，最后变得似睡非睡、似醒非醒，一片混沌最好。让人由眼前的明明白白泡入米汤样的童年，到了再也沉不下去的时候，他的心里就会猛地浮出一幅画。让他把这幅画讲给你听，然后……"

老人一一道来，我全身心紧急动员，照单接收。老人说：

"喏，基本思路就这些，剩下的事看你的悟性了。"

我说："您可要'传帮带'啊。"

其后的一段时间里，我像个居心叵测的探子，不断启发诱导各色人等，把他们脑海中留下的生命原初印象挖掘出来，一一告诉我，我再转给老人。老人娓娓道出其中蕴涵的深意。至于那人真实生活中的脾气品性，老人完全不感兴趣，也绝不想知道。在他的眼里，每个人的心灵第一图就是性格之书的目录，他不过是读出来而已。

开头并不顺利，第一位男人所谈简陋得像撕下的小人书碎片。

"那幅图像嘛，好像是一个黑夜，不知是灯灭了，还是眼睛得了病，总之黑暗环绕……完了，就这些。"他干巴巴地舔舔嘴唇说。

他那时黑暗，我此时也黑暗。到处像泼了墨汁，如何分析？我只好拼命启发他再想深入些。搜肠刮肚半晌，他补充如下："我摸着黑，仿佛找到一碗粥，就把它喝下去了。我妈妈走过来，眼泪洒在我脸上。很凉……哦，就这些，再也没有了。"他坚决地结束了回忆。

真是老虎吃天啊。我沮丧地请教老人，老人说："唔，足够了。他是个悲观主义者，一生都在寻找。他对自己终极寻找的东西究竟是什么，也闹不清楚。在这寻找的途中，他会得到温暖和利益的回报，他会很珍视亲情。但这些并不能缓解他寻找时的焦虑，不能冲淡他与生俱来的悲哀，也不能稀释充满他周围的茫茫黑色。"

我频频点头，最终也没有告诉老人，那是一位苦苦求索的哲学家的心底图像。反正老人并不需要他人的验证。

一个矮小的年轻人不好意思地说："我的第一图像似乎没什么好说的，支离破碎。那是我和我弟弟在抢被窝。你知道，我小的时候家里很穷，打通腿儿，就是两人合盖一个被筒。谁都想自己盖得暖和些，就拼命把被子朝自己身上裹……就这些，整夜抢啊抢的。穷人家的被子小，遮了这头捂不了那头。我比弟弟个儿大，占上风的时候总是多些。这就是全部了。"

老人分析："这个年轻人竞争性很强，在他的眼里，弱肉强食是生存的基本状态。他信奉实力决定一切，因此他会不遗余力地为自己争夺尽可能多的物质利益和生存空间。但他一般不会害人，不会使用特别凶残的手段。在他的内心里，还残存着'四海之内皆兄弟'的道义。"

实际情况是，那年轻人个子不高，说苛刻点几乎要算其貌不扬了，加上家境贫寒，按照常理该是比较自卑的。但他不，一点都不。整天意气风发、精神抖擞的，上大学，考研究生，什么都不落空。每当竞争的时候，他总是毫不退却、奋勇向前。计谋算不上很光明正大，但手段也并不卑劣，懂得趋利避害、适可而止。也许是天时加上人和，他的运气一直不错。

一位依旧美丽的中年女企业家告诉我，世界在她眼里是盘根错节的森林，是热带雨林，遮天蔽日的。她在摸索着走，有时在爬。到处都有陷阱和叫不出名字的昆虫，很华丽也很狰狞……下着雨，很冷，有大毛虫发育成的极冷艳的蝴蝶在脖子后面盘旋……

我对这幅图像的真实性抱有深刻的怀疑。她祖籍北方，从未踏入北回归线以南。再说一个幼小婴孩，想象得出热带雨林的具体模样吗？还有毛虫和蝴蝶，这样复杂重叠的象征意象也是孩童难以触及的。她的叙述更像一场成人梦境，一个幻觉。

但女企业家谈话时的郑重神态，使我无法贸然认定她在说谎。

老人听完我的转述与疑问，说："这是真实的。心灵的真实不仅仅是亲眼所见，更多的时候是一种浓缩升华后的感受。哪怕你说图像尽头是一幅外星人联欢的图画，我也确信无疑。人的感受有一种特质——无比忠诚。出于种种的利害关系，它可以欺骗别人，但它为自己保留下的图谱不会是赝品。这位女性对世界的看法，是荒诞奇诡而又不乏夺人心魄的诱惑与美丽，她应该擅长打拼，奋斗出了很高的成就。她好强，勇于挑战。但在不断挣扎寻觅中，又感到巨大的孤独与人世的险恶。

她臆造了一片热带雨林……"

我无话可说。老人就像与那女人相识了一百年，用电脑扫描了她的整个人生，留下一纸谶语。

随着我积累的人们的心灵第一图像数量的增多，我渐渐发觉探索源头的奥秘对每个人是一次心灵的剖析和飞跃。知道了自己眺望世界的基本视角，便有了揭示自身很多特点的钥匙。我们也许不能改变它，却可以因此变得更加理智和从容。

老人有一天对我说："你第一次对我描述的那个人，就是在沙漠中睁开眼睛看世界的人，是谁啊？你还没有告诉我。"

我说："那个人就是我。我母亲抱着我，行进在从新疆到北京天地一色的途中。"

拒绝分裂

分裂的实质常常是不能自我接纳。

所有的分裂都是要付出代价的。轻的是那稍纵即逝的机遇，一去不复返。重的则要搭上宝贵的生命。最漫长而隐蔽的损害，也许是你一生郁郁寡欢、沉闷萧索，每一天都在迷惘中度过，却始终不知道这是为什么。

一位女生，与我谈起她的初恋。其实恋爱是一个古老的话题，地球上曾经生活过的几百亿人都曾遭逢。但每一个年轻人，都以为自己的挫败独一无二。女生说她来自小地方，为了表示自己的先锋和前卫，在男友的一再强求下，和他同居了。后来，男友有了新欢，抛弃了她。在极端的忧虑和愤恨之下，女生预备从化工商店买一瓶高腐蚀性溶液。

你要干什么？我说。

他取走了我最珍贵的东西，我要毁他的容。该女生网满红丝的眼睛中，有一种母豹般的绝望。

我说，最珍贵的东西，怎么就弄丢了？

女生语塞了，说，我本不愿给的，怕他说我古板不开放，就……

我说，既然你要做一个先锋女性，据我所知，这样的女性对无爱的男友，通常并不选择毁容。

女生说，可我忍不了。

我说，这就是你矛盾的地方了。你既然无比珍爱某样东西，就要千万守好，深挖洞，广积粮，藏之深山。不要被花言巧语迷惑，假手他人保管。你骨子里是个传统的女孩，你须尊重自己的选择。如果真要找悲剧的源头，我觉得你和男友在价值观上有所不同。你在同居的时候崇尚"解放"，蔑视传统的规则。你在被遗弃的时候，又祭起了古老的道德。我在这里不做价值评判，只想指出你的分裂状态。你要毁他容颜，为一个不爱你的人，去违反法律伤及生命，这又进入一个可怕的分裂状态了。人们认为恋爱只和激情有关，其实它和我们每个人的历史相连。爱情并不神秘，每个人背负着自己的世界观走向另一个人。

世上也许没有绝对的对和错，但有协调和混乱之分，有统一和分裂的区别。放眼看去，在我们周围，有多少不和谐不统一的情形，在蚕食着我们的环境和心灵。

我们的身体中，埋藏着无数灵敏的窃听器，它们在日夜倾听着心灵的对话。如果你生性真诚，却要言不由衷地说假话，天长日久，情绪就会蒙上铁锈般的灰尘。如果你不喜欢一项工作，却为金钱和物质埋首其中，你的腰会酸，你的胃会痛，你会了无生活的乐趣，变成一架长着眼睛的机器。如果你热爱大自然，却被幽闭在汽油和水泥构筑的城堡中，你会渐渐惆怅枯萎，被榨干了活泼的汁液，压缩成为标本。如果你没有相濡以沫的情感，与伴侣漠然相对，还要在人前作举案齐眉、恩爱夫妻状，那你会失眠，会神经衰弱，会得癌症……

这就是分裂的罪行。当你用分裂掩盖了真相，呈现出泡沫的虚假繁荣之时，你的心在暗中哭泣。被挤压的愁绪像燃烧的灰烬，无声地蔓延。将来的某一个瞬间，嘭地燃放烈焰，野火四处舔食，烧穿千疮百孔的内心。

分裂是种双重标准。有人以为我们的心很大，可以容得下千山万水。不错，当我们目标坚定、人格统一的时候，的确是这样。但当我们为自己设下了相左的方向，那相互抵消的劲道就会撕扯我们的心，让它皱缩成团，局促逼仄，窒息难耐。

人是一种很奇怪的动物。如果你处在分裂的状态，你又要掩饰它，你就会不由自主地虚伪起来。我听一位年轻的白领小姐说，她的主管无论在学识和人品上，都无法让她敬佩，可人在矮檐下，不得不低头。她怕主管发现了自己的腹诽，就格外地巴结讨好甚至谄媚，结果虽然如愿以偿加了薪，可她不快乐不开心。

我说，你可以只对她表示职务上、工作上的服从和尊重，而不臧否她的人品。

白领小姐说，我怕她不喜欢我。

我说，那你喜欢她吗？

白领小姐很快回答，我永远不会喜欢她。

我说，其实，我们由于种种的原因，不喜欢某些人，是完全正常的事情。不喜欢并不等于不能合作。如果你和你所不喜欢的上司，只保持单纯而正常的工作关系，这就是统一。但要强求如沐春风、亲密无间，这就是分裂，它必然带来情绪的困扰和行动的无所适从，其结果，估计你的主管也不是个蠢女人，她会察觉出你的口是心非。

白领小姐苦笑说，她已经在背后这样评价我了。

分裂的实质常常是不能自我接纳。我们压抑自己的真实感受，以为它是不正当、不光彩的，我们用一种外在的标准修正自己的心境和行为。这其实是一种自我欺骗，委屈了自己也不能坦然对人。

有人说，找工作时，我想到这个单位，又想到那个机构，拿不定主意。要是能把两个单位的优点都集中到一起，就比较容易选择了。

有人说，找对象时，我想选定这个人，又想到那个人也不错，要是能把两个人的长处都放在一个人身上，那就很容易下定决心了。

当我们举棋不定的时候，通常就处于一种分裂状态。你想把现实的一部分像积木一样拆下来，和另一部分现实组装起来，成为一个虚拟的世界。

这是对真实一厢情愿的阉割。生活就是泥沙俱下，就是鲜花和荆棘并存。尊重生活的本来面目，接受一个完整统一的真实世界，由此决定自己矢志不渝的目标，也许是应对分裂的法宝之一。

你不能要求拥有一片没有风暴的海洋

谈"怕"

人生的发展，一是因了爱好，一是因了惧怕。

"怕"好像历来是个贬义词。怕什么？别怕！天不要怕，地不要怕，好像是人生的大境界。

其实人的一生总要怕点什么，这就是中国古代说的"相克"。金木水火土，都有所怕的东西。要是不相克，也就没有了相生，宇宙不就乱了套？

人小的时候，怕父母。俗话说"衣食父母"，我的理解就是衣食来自父母。要是父母生气了，不给你吃，不给你穿，你就丧失了基本的生存条件，饥寒交迫地活不下去了，还谈什么别的？所以父母叫你上学你就得上学，叫你成绩好你就得努力。要是一个人从小对慈爱他的父母没有畏惧之心（不是害怕他们本人，而是怕惹他们生气），没有讨他们欢喜之心，那这个人长大了，多半要成为不法之徒。

人渐渐大起来，就会怕老师，怕上级，怕官、怕权……

总之是怕比自己更有力量的人。我想这不是一种懦弱，而是弱小动物生存的本能。想我们人类的祖先，不过是些个"猴子"，虽说脑子还算得机敏，体力实属一般。在长长的动物排行榜上，只能列在中档靠下的位置。假若什么都不怕，早就被老虎、狮子、大蟒蛇作为饕餮大餐了。所以"怕"是一种集体无意识，怕是正常的，不怕却是需要锻炼的事。

怕是一件有理的事，每个人都生活在立体空间中，上下左右都有掣肘。人外有人，天外有天，总有东西笼罩在你的脑瓜顶上。你可以完全不考虑下情，也可以咬着牙不理睬左邻右舍，但你得"惧上"，否则你的位置就保不住了。

人须怕法，那是众人行事的准则。人还须怕天，那是自然界运行的规律。怕是一个大的框架，在这个范畴里，我们可以自由活动。假如突破了它的边缘，就成了无法无天之徒，那是人类的废品。

人有最终的一怕，就是死。因为死去的人都不曾回来告诉我们那边的情形，所以我们并不确切地知道死亡是怎样一回事，我们只是盲目地怕着，我们怕的实际是一种未知的状态。人们怕死，很大的一部分是怕痛。要说死其实一点也不痛，就像在沙滩上晒太阳，暖烘烘地就过去了，怕的人一定少得多。再有怕也是怕比的，假如你活得苦不堪言，所有的感官都用来感受痛苦，在怕活和怕死之间，自然也就两怕相权取其轻了。

因此那极怕死之人，多是很富贵、很安逸、很猖獗、很凌驾一切的显赫之辈。不信你看历代的皇帝，很多都孜孜不倦地追寻长生不老的仙丹。

女人还有一怕，就是怕老。所以各色美容护肤的佳品层出不穷，种种秘不传人的方子被奉若神明。这一怕的核心是怕时间。世上有许多东西是可以对抗的，唯有时间你不可战胜。可怜女人的这个与生俱来的恐惧，注定无法消除。没有哪一种胭脂可以涂抹时间，女人只好永远地怕下去，除非你不在意衰老。

怕虽有理，却并非总是有利。怕的直接决策是躲，但躲不过的时候，就只有迎头而上。古人们所有教诲我们不要怕的语录，就出现在这一时刻。民不畏死，奈何以死惧之？将对最大的未知的恐惧置之度外，所有已知的苦难都不在话下，这个人的战斗力不可低估。

但不怕死的人，也仍有一怕，那就是怕自己。死和你作对，只有一次。你要和自己作对，会有无数次的机会。胜利的时候，它会让你骄傲，失败的时候，它诱你气馁。贫困的时候，它指使你堕落。饱暖的时候，它敦促你放浪……自己的实质是欲望。欲望使我们勇敢，欲望也使我们迷失。

人生的发展，一是因了爱好，一是因了惧怕。前者，比如音乐，它并没有更实际的用途，而只是使我们娱悦。那些更实用的发明创造，基本上源于"怕"。因为害怕冷，人们发明了衣服、房屋、火炉；因为害怕热，人们发明了扇子、草帽、空调；因为害怕走路，人们发明了汽车、火车、飞机；因为害怕病痛，人们发明了中药、西药、X 光、B 超；因为害怕地球上的孤独，人们向茫茫宇宙进行探索；因为害怕自身的衰退，人们不断高扬精神的旗帜……害怕实在是人类文明进步的"助产婆"。今后谁知道因了害怕，人类还将诞育多少温馨的婴儿，人类还将补充多少伟大的发明！

我们每个人的心里，都有一个害怕的场。这个场，不要太大，那我们畏畏葸葸，就太委屈了自己。这个场，也不可太小，太小了，人就容易处在边缘，演出不该上演的节目。它需不大也不小，够我们驰骋如烟地想象，够我们度过无悔的人生。

你不能要求拥有一片没有风暴的海洋

你不能要求拥有一片没有风暴的海洋。那不是海，是泥塘。

痛苦和磨难，是人生不可分割的一部分。只有接受这一事实，我们才能超越它们，更加看清生命的意义。

你说你不要这些苦难，那么生命也就失去了框架。很多自杀的人，就是因为没有理会这种意义，一厢情愿地认为生命是应该只有甘甜没有挫败的。特别是在恋爱早期，那种汹涌的激素带来的欢愉，让人把激情当成了常态。生命的常态，其实就是平稳和深邃，还有暗流。在最深刻的层面，我们不单与别人是分离的，而且与世界也是分离的，兀自踽踽前行。

生命的每一步都带着人们向死亡之境跌落，不要存在幻想，这才让你比较持久稳定，安然地居住在孤独中，胸中如有千沟万壑、千军万马。只有接受这一事实，我们才能超越死亡，腾起在空中，看清生命的意义。

有一次，到沙漠中间的一个城市去，临行之前我和当地的朋友联络，她不停地说，毕老师，你可要做好准备啊，我们这里经常是黄沙蔽日。不过，这几天天气很不错，只是不知道它能不能坚持到你来到的那一天。

我有点纳闷。虽然人们常常说，"您的到来带来了好天气"，或者说，"天气也在欢迎您呢"，谁都知道，这是典型的客套。个体的人是多么渺小啊，我们哪里能影响天气！

不过这位朋友反复地提到天气，还是让我产生了好奇。我说，不管好天气还是坏天气，我们都不能挑选。天气是你们那里的一部分，就是黄沙蔽日，也是你们的特色啊。

说者无意，听者有心。后来，这位朋友对我说，她听了我的话，就放下心来。我很奇怪，因为自觉这番话里并没有多少劝人安心的涵义啊。她说，我们这里天气多变，经常有朋友一下飞机就抱怨，闹得主客都很尴尬。

我说，坏天气也是大自然的一部分，就像每个人的生命中都必定下雨，某些日子势必黑暗又荒凉。就像你不可能总是吃细粮，那样你就容易得病。你一定要吃粗纤维。坏天气、悲剧、死亡、生病，都是生命中的粗纤维，我们只能安然接纳。

你不能要求拥有一片没有风暴的海洋。那不是海，是泥塘。

格布上的花

必是好坏日子交叉着来，如同一块花格子布。

好日子和坏日子，是有一定比例的。就是说，你的一生，不可能都是好日子——天天蜜里调油；也不可能都是坏日子——每时每刻黄连拌苦胆。必是好坏日子交叉着来，如同一块花格子布。如果算下来，你的好日子多，就如同布面上的红黄色多，亮堂鲜艳。如果你的坏日子多，那就是黑灰色多，阴云密布。

以上的说法，想来会有人同意，但好日子和坏日子，是以什么来划分的呢？什么是好坏日子的分水岭、试金石呢？看法恐怕就不一致了。比如钱吗？好像不是。有钱的人不一定承认他过的是好日子；钱少的人或没钱的人，也不一定感觉他过的就是坏日子。健康吗？好像也不是。无痛无灾的人不一定觉得他过的是好日子，罹病残疾的人也不一定承认他过的就是坏日子。美丽和能力吗？似乎更不像了。看看周围，有多少漂亮能干的男人、女人，锁着眉苦着脸，抱怨着岁月的难熬啊……

说了若干的标准，都不对。那么，什么是好日子和坏日子的界限呢？

不知他人的答案若何，我猜，是爱吧？

在有爱的日子里，也许我们很穷，但每一分钱都能带给我们双倍快乐。也许我们的身体坏了，每况愈下，但我们执着相爱的人的手，慢慢老去，旅途就不再孤独。也许我们是平凡和微渺的，但我们竭尽力量做着喜欢的事，心中便充溢着温暖安宁。

这是什么呢？这就是好日子了。你的那块花格子布上，绽开了鲜花。

人的心理库容要大

如果你有一个庞大的内心储备，就可以在突发事件面前从容淡定，吞下千沟万壑的泥沙，依然水平如镜。

勇气的精髓就是稳定地活着，没有丝毫的自欺，执掌着非常强大的安全感，对宇宙有一种敬畏和信赖。如果心中没有希望，那么哪里都不是理想的抛锚地。

有时候，真的会遇上一些非常倒霉的人，叫你简直都不知道跟他说什么好。所有的语言好像都是多余的，真不知道命运为什么如此苛待于他。然而仍然不能放弃希望。放弃了，就真的一无所有了。只要生命还在，希望就能萌生。

许多人为自己没能得到最后的成功而痛楚，其实，不妨先分析一下失败的缘故。唯有你没有全力以赴，你的失败才令人寝食不安。如若你已经全力以赴，你的失败即使不是成功的前奏，你纵然永远也没有得到成功，你仍然不必痛苦。就算死后万事皆空，我们活过一生的这个事实，已构成了宇宙的一部分。

人的心理就像水库。库容太小了，就应对不了强大的情感水流，也许会冲毁堤坝，暴发山洪。之后的重建，要花费很多心理能量。如果你有一个庞大的内心储备，就可以在突发事件面前从容淡定，吞下千沟万壑的泥沙，依然水平如镜。

　　生活中最绵弱难解的部分就是情感，生命中最华彩的篇章也是情感。我听过无数痴男怨女谈情感故事，真是峰回路转、气象万千。当事人没有不迷惑的，没有不肝肠寸断的，没有不涕泪滂沱的，没有不咬牙切齿的……闹得我这个听故事的人，若不是有把子年纪，并且已生儿育女，简直就要生出遁入空门的佛心了。

　　然而，这就是生命中最华彩的篇章，祸福相倚。

请听凭内心

人生也不是战场，有什么必要在和别人交往中百战百胜呢？那是战争哲学，不是快乐的处世之道。

根据心理学的原则，人的行为动机无限多样，具有不可猜测性。所以，你不必时时处处知道别人怎样想，你只要很清楚地知道自己是怎样想的，就相当不错了。

也许你要说，知己知彼百战百胜嘛！这句古话固然不错，但那充其量只是一个充满了浪漫主义的想象。有谁能在一生中百战百胜？既然不可能，那么也只有听凭内心，况且人生也不是战场，有什么必要在和别人交往中百战百胜呢？那是战争哲学，不是快乐的处世之道。

我们不能随随便便改变生命中最基本的事物，这就是我们的集体无意识。我们不能改变友爱，这是我们从远古到今天不至于灭亡的法宝之一。我们不能不歌颂勇敢，因为那是祖先的光荣，我们不是懦弱者的后代，不是，永远不是。我们必须珍视凌越一己生命之上的某些东西，因为正是它们，将我们和动物区分开来。我们只有爱好光明，不然我们会成为黑暗中的蛆虫……就这么简单。如果你想撼动某些精神的法则，只有以你自己的灭失作为结局，而人类依然向前。

请消除对于生存之艰苦的怯懦。

我们有理由怕苦。怕太热，怕太冷，怕风沙，怕熊罴……总而言之，怕那些令我们不舒适的东西。

不过，所有的新发现中，都会有一些不熟悉的因子存在，都会有风险和失败等着我们。消除这些恐惧的最简单的方式，就是不畏惧生存之艰苦。当我们的身体能够适应苦难的时候，我们的意志也往往会跟随。

"怒"乃奴隶之心

成熟与老练的标志是，你可以成为愤怒这匹烈马的好驭手。

"怒"这个字，分成两部分，合在一起就是"奴隶之心"。如果你不是奴隶，而是主人，你就有能力控制自己的愤怒，并使之渐渐平息下来，安定下来。而"定"是可以生出智慧来的。当一个人具备了智慧，他的处境就会有微明的光亮。

"怒"是一种保护我们自己不受侵犯的力量。愤怒是个人目的不能达到或一再受到妨碍，从而逐渐堆积起来的守护能量，当它膨胀而紧张起来的时候，怒火就被点燃了。

我不知道"怒"字的甲骨文是怎样写的，不知道它的字形流变是怎样发展的，只是在这里自己琢磨。我觉得这个奴隶的"奴"字，不但表音，也蕴含着象征的深意。

一个当家做主的人，比较少怒，因为他的想法可以很顺畅地表达出来，愿望得以实现，所以就不会积郁成怒了。只有在受到了侵犯又无法在第一时间按照自己的意志表达自己情感的人，才会愤怒。因此，怒是奴隶心态。

要想不做奴隶，也很简单，就是在愤怒萌发的那一瞬，搞清自己到底是什么事情引发了强烈的不安感。俗话说，"冤有头，债有主"。找到了致怒的罪魁祸首，就来个釜底抽薪，直指目标，表达出你的真实情感。这样，奴隶之心就摇身变成了主人之心，你就成了情绪的主人，事情就有了改观。

有朋友可能会咋舌，说："说得简单，其实不敢啊！你明明知道是对谁愤怒，可由于种种的原因，没法子表达。"

我觉得这并不矛盾。你虽然愤怒了，但审时度势，此刻不是最好的宣泄机会，时间、地点都不相宜，你就可以把愤怒打包，到了适宜的时候，再来处置这个负面情绪。这并不是软弱，是你的主动选择。所以，和奴隶并不相干，你还是主人，你的智慧在引导你的行动，主动权在你手里啊。

愤怒是宝贵的。因为人是充满了激情的鲜活个体，我们当然会对一些与我们的世界观、方法论明显相悖的事物产生激烈的反应。这是正常的，并非耻辱。你不必以为只有压制了愤怒才是成熟与老练的，那是老夫子们的欺人之谈。成熟与老练的标志是，你可以成为愤怒这匹烈马的好驭手。

适当的焦虑，让你保持清醒与活力

担忧、害怕和焦虑，是人类进化中的礼物。它能激励我们做好应对野兽和暴风雨等灾害的准备。

焦虑是什么意思呢？大家可能对此都不陌生，比如说一个小孩子突然找不到妈妈了，大声哭喊和四处寻觅，这就是焦虑。比如说明天就要考试了，可是你还有一个很重要的问题没有搞明白，那种心中忐忑不安、六神无主的状态，就是焦虑。马上要到千人舞台上去演唱，下面坐着你心爱的人，那种呼吸急促、心里像揣了个小兔子似的窒息感，也是焦虑。

如果更具体地给焦虑下一个定义，该如何描述我们这个"老朋友"？

字典上是这样说的：

焦，指物体受热后失去水分，呈现黄黑色并变脆变硬。

虑，自然是指思虑、忧虑、顾虑等。

这两个字连在一起组成的词，就是一种没有生机、没有弹性、没有水分、没有品相、没有质量的情绪状态。《心理学大词典》是这样定义焦虑的：

个人预料到会有某种不良后果或模糊性威胁将出现时，产生的一种不愉快的情绪。特点是紧张不安、忧虑、烦恼、害怕和恐惧。可以伴有出汗、颤抖、心跳加快等反应。

焦虑和恐惧，有什么区别呢？一般认为，引起焦虑的原因是比较模糊的，而引起恐惧的原因比较明确。

害怕密林里有野兽，如惊弓之鸟般东张西望，这是焦虑。看到眼前出现了一只大老虎，拔腿就跑，这是恐惧。金融风暴来袭，你害怕被企业裁员，心神不定，这是焦虑。主管说今天下午到我的办公室来谈一谈，你估计要进行最后的摊牌了，失业迫在眉睫，心慌气短，这是恐惧。

先讲焦虑的好处。

你可能要生气地说：谁喜欢焦虑啊？我才不要焦虑呢！焦虑能有什么好处呢？焦虑是个坏东西，让人很不舒服，而且焦虑会让我们原来能想起来的事儿，一股脑全忘了，大脑一片空白。原来能办好的事儿，手足无措、漏洞百出，结果也给办砸了。原来能给人留下个好印象，因为焦虑不安，闹出了笑话。长久的焦虑，还会引发失眠、健忘、记忆力下降、身体亚健康……焦虑的坏处可以说出一大箩筐，哪里还有什么好处呢？要是有可能，我一辈子一点儿也不焦虑才好呢！

这些话都可以理解。不过，如同世界上的所有事物都是一分为二的，对焦虑，也要用两分法。适当的焦虑，会让我们保持清醒和活力。

为什么这么说呢？因为，我们原本就生活在一个危机四伏的世界里，到处都充满了诱惑和挑战。你想完全避免焦虑，那是不可能的。不过焦虑要适度，要让它处于恰到好处的状态。所以，我们现在把焦虑分为适当的和不适当的两部分。什么叫适当的焦虑呢？比如你横穿马路时，车辆川流不息，恰好又逢夜晚，灯光昏暗，很可能有人吃饭时喝了点酒，处于醉酒驾车的状态。这种时候，你就要有高度的警觉。你除了要选择人行横道过马路，还要眼观六路，耳听八方，最好选在百米之内都没有车辆将要驶过的时分再开步走；也不要过分相信红绿灯，有些无良的司机会闯红灯。固然，如果出了事故，他们要负全责，但你付出的将是鲜血和生命的代价，惨重的损失将无法挽回。试想一下，如果你在这种状态中，没有适当的焦虑感，大大咧咧，松弛懈怠，是不是会很危险呢？那么，平安过了马路之后，回到家里，就要放松。如果你在家里也像过马路时那样紧张，没有办法轻松得像一团丝绵，蓬松轻快，直到躺在枕头上还不断思考过马路的策略，竖着耳朵警觉万分，那么长久下来，你不但没有法子享受生活的乐趣，身心都会出毛病。

担忧、害怕和焦虑，是人类进化中的礼物。它能激励我们做好应对野兽和暴风雨等灾害的准备。甚至可以这样说，从远古而来，那些完全无忧无虑的人都被淘汰了，因为他们没有法子在严酷的自然环境和人际关系中生存。我们都是那些懂得忧患的人的后代。

在我们中国的俗话里，关于焦虑的词句有很多，比如：

人无远虑，必有近忧。（照这个说法，我们谁也逃不脱忧虑的掌心了。）

人生不满百，常怀千岁忧。（不单要忧自己的时代，还要忧子孙万代。）

忧国忧民。（除了忧虑自身，还要忧虑国家和人民。品格高矣！）

智者千虑，必有一失。（就算你智商、情商都高超，你也会栽入忧虑的范畴，因为有千分之一的概率等着你呢！）

忧心忡忡。（不得了，忧还不算，还要忡忡。忡的意思是"忧愁的样子"。这个成语说的就是双料的忧愁了！）

生于忧患，死于安乐。（总算碰到了一个说忧患好话的词儿，不过要是所有的时间都用来忧患的话，生命质量也够差的啦！）

还有很多，恕我就不一一列举了。

其实古代的忧虑比较简单，对象无非是生存。野兽来了，战斗还是逃跑？丰年的时候，储存一点粮食。灾年来了，苦挨还是迁徙？现代的忧虑已经升级，品种就更多种多样了。

比如交通阻塞，你马上就要迟到了，会焦躁不安。你是继续等公交车，还是赶快拦一辆出租车？因为堵车，你马上就要赶不上飞机了，延误了重要的会议或合同，公司会受到重大损失，你也很可能饭碗不保，怎么办呢？过去是包办婚姻，男女双方就是不合意，基本上也都是隐忍着，凑合着过呗。现在，一方提出离婚，另一方不同意，就会要调查是否有出轨，财产是不是有转移，婚前的财产要公证，婚后财产分割时要上法院……过去的孩子，要么没钱读书，一辈子当睁眼瞎，要么上学进私塾，比较简单。现在从上幼儿园起，就要争取好的机会，后面还有上重点小学、重点中学，直到高考。如何选择？如何报志愿？买房子，选择什么时机？什么地段？什么格局？采用什么方式付款？更不用说股票、黄金的投资等，简直就是瞬息万变，差之毫厘，谬以千里。这都是我们的老祖宗没有遭遇过的焦虑之源。

用宽容治愈焦虑

不能以为焦虑不安就是贡献力量的一种方式，这是弄巧成拙，既帮不了别人，也毁了自己的欢愉。

　　宽容就是允许别人有判断和行动的自由，是对不同于自己的观点和行为，哪怕已经预见到了危险的结局，也依然耐心地公正地等待。

　　这一点，好难啊。可能是当过临床心理学家的缘故，听过很多人的故事，知道很多人的结局，这也就让我的人生，在某种程度上记住了很多人的经验。我没有更精湛的远见卓识，只是像一只老啄木鸟，敲击的树干比较多了，对于哪里有虫子，判断力稍好。

　　最常有的悲哀，是看到危险渊薮，而当事人还以为是一马平川，逍遥向前。我大声疾呼警示危险，但人们闭目塞听悠哉走去，令我惆怅叹息。时间久了，我也咽喉嘶哑，明知不可为而为之的耐心渐渐消减。

更多的时候，因为当事人并没有征询我的意见，我也不能挺身而出干涉他人的生活，只能眼睁睁地看着列车出轨，人仰马翻。

人要想慈悲地输出智慧，不自作多情，也不是容易的事。这种时刻，让我焦灼。

时间久了，也想明白了。不能以为焦虑不安就是贡献力量的一种方式，这是弄巧成拙，既帮不了别人，也毁了自己的欢愉。

焦虑本身并不是竭尽全力的表达，只是不良心理状态的折磨。其实，人生并没有一定的对错之分。生命是一个过程，万丈红尘、万千气象都是常态。宽容就是接受和自己不同的人生状态，并不歇斯底里。

在喧嚣的世界中，与寂寞共处

孤独是一种兽性

孤独是一种源于兽的洁癖和勇敢。

孤独这两个字，从它的偏旁与字形，一眼望去就让人想起动物世界。看来我们聪明的祖先在造字的时候，就已洞察它的真髓。

很低等的动物，多半是合群的。比如海洋里庞大的虾群，丛林中的白蚁群，都是数目庞大的聚合体。随着物种渐渐进化，孤独才悄然而至。清高的老虎，高傲的鹰隼，狡猾的狐狸，你见过成群结伙浩浩荡荡组织起来的吗？

等进化到了人，事情才又复杂了。人类为了各种利益，重新集结在一起。比如上千万人的城市，至今还在膨胀之中，从事某一行业的人，摩肩接踵地挤在一起。房屋盖得像毒蘑菇一般紧密，公共汽车里拥挤不堪……

在这种情况下，人回忆孤独，渴望孤独而不得，便沉浸于寻找与回味的痛苦之中。

孤独是一种源于兽的洁癖和勇敢。高雅的人在说到孤独时，以为那是人类的特殊情感，其实不过是返祖之一斑。

孤独是某个生命个体独立地面对大自然的交流。自然是永恒而沉默的，只有深入它的怀抱中，在万籁俱寂之时，你才能感觉它轻如发丝的震颤。

寻共鸣易，寻孤独难。因为共同的利害，所以无数人被紧紧拴在一起，利至则同喜，利失则同悲。比如股票市场，哪里有孤独插翅的缝隙？

高官厚禄，霓裳羽衣，巧笑倩兮……都需要有人崇拜，有人瞻仰，有人喝彩，有人钟情……假若孤独着，一切岂不如沙上建塔？

这些人也经常谈论孤独。但他们说出孤独这个字眼的时候，表达的不过是一种利益不够辉煌的愤懑感，这和洁净清爽、无欲无求的孤独感大不相干。

人是软弱的动物，出于恐惧，才拥挤一处，以为借此可以抵挡自天而降的风雷。即使无法抵御，但共睹了同类也遭此厄运，私心里也可生出最后的快慰。

孤独是属于兽的一种珍贵属性，表达一种独往独来的自信与勇猛。在人满为患的地球上，它已经越来越稀少了。

也许有一天，人性终于消灭了兽性，孤独就像最后一只恐龙，也会销声匿迹。

在喧嚣的世界中，与寂寞共处

需要别人确认，才觉得自己活着的人，必然会逃避寂寞。

常常是心中很寂寞，说出口的却是词不达意的热闹。这个世界已经够喧哗的了，现在需要的只是静静地面对内心。

需要别人确认，才觉得自己活着的人，必然会逃避寂寞。节省下来的时间，用来干什么？只好另外想办法来谋杀时间。

寂寞是一种悄然的存在，不要挑战它，也不要逃避，学着共处就是。

开会常常让我感到寂寞，喧嚣人群中的寂寞。不喜欢很多会议的场合，在那里听不到发自肺腑的声音，套话多。有些话像风一样地从耳边刮过，留不下任何印象。

也许是因为我年轻时在西藏当兵，营地在海拔五千米的高原之上，氧分压只有海平面的一半，对缺氧的感受十分敏感。会场里人一多，马上就感觉缺氧，好像当年在雪原上跋涉的艰辛感觉又复活了，心中充满疲累。

这种时刻，我会不由自主地走出会场，到外面去呼吸新鲜空气；也不敢待的时间太久了，怕人家以为是对发言者、组织者的不敬。

我知道有些时候套话是一种必需，是一种人际关系和社会关系的润滑剂。这种润滑剂可不便宜，要用时间去购买，算得上是奢侈品了。

我是一个视时间为尊贵的人，实在不敢这样靡费，甘愿寂寞着。

你要好好爱自己

爱惜灵魂，是好好爱自己的最高阶段。

"你要好好爱自己。"

这话来自一句叮嘱。最早向我们说起它的人，可能是我们的父母，可能是我们的师友，可能是我们的恋人、爱人……

他们也许会一而再再而三地说：冷了要添衣，热了要洗脸。不要熬夜，不要一忙就忘了吃饭。要和大家伙儿搞好关系，要对得起自己的良心……要早睡早起……

如果从来没有人对你说起过这些絮絮叨叨、啰啰唆唆的话，那你的童年和少年加上青年时期，必定孤寂荒凉。你未曾被人捧在手心，极少承接过温情。

不过，这没什么了不起的。因为无论别人怎样对你说过这些话，说过多少次，都是身外之物。

话音终将袅袅远去，要紧的是——你要自己对自己说这句话——你要好好爱自己。

在纷杂人间的清朗月夜，你要耳语般但无比坚定地对自己说。

好好爱自己，是简单朴素的常识。可是这世上有多少人，能够懂得、能够记住、能够做到呢？

放眼四周，谬爱种种。

有人年轻时不顾死活拼命挣钱，预约自己年老的时候可以肆意享乐，放手一搏。他们以为这就是爱自己。

有人以为给自己的胃填进过多的食物，让罕见的山珍野味塞满肚腹，撑得两眼翻白，这就是爱自己了。

有人以为在手腕上箍住名表，在颈项间悬挂重磅的金饰，这就是爱自己了。

有人以为把身体安置在一个庞大的屋舍内，再用很多名牌将自己掩埋，这就是爱自己了。

有人以为把自己的腿最大限度地闲置起来，抵达任何一个地方都由汽油和钢铁代步，这就是爱自己了。

有人以为让自己的外貌与自己的内脏年龄不相符，让面容在层层化妆品的粉饰下显出不合时宜的嫩相，严重者不惜刀兵相见、大胆斧正自我，甚至可以将腿骨敲断以求延展下肢、增加身高，就是狠狠地爱自己了。

有人以为让自己的身体委曲求全，与不爱的人肌肤相亲，以换得衣食无忧甚至纸醉金迷，这就是爱自己了。

有人以为让嘴巴说言不由衷之话，让表情肌做不是发自内心的谄媚之态，让双膝弯曲，让目光羞于见人，这都是爱自己。

实际情况恰恰相反，以上诸等，皆是对不起自己，害了自己。

爱自己是需要理由的。我们的爱要想持之以恒，先要明白自己究竟是谁。

最明确的结论是——自己首先是一个身体。这个身体结构精巧，机能完善，高度发达，精美绝伦。千百万年进化的水流，将身体打磨成健全而温润的宝石。

大脑的功用，是思考，而不是他人任意抛撒塑料袋的垃圾场。凡事用自己的脑袋想一想，做出最合乎理性的决定，这就是对自己的脑袋好。

眼睛要看洁净美好之物，看出潜在的危险，找到安全方向。眼睛还有小小的癖好：爱看草木的绿色和天空的湛蓝，爱看书本和笑靥。满足它的愿望，非礼勿视，这就是对眼睛好。

鼻子希望呼吸到清新的空气，闻到花香，不喜欢密不透风的腐朽之气和穹顶之下皆是雾霾。让鼻子远离这样的环境，才是对它的爱惜。

嘴巴希望讲的都是发自内心的真话，摄入富有营养的本色食品，而不是混杂三聚氰胺和地沟油的劣质食物，不说口是心非的谗言。嘴角上翘，嘴巴就微笑了。

双手希望能通过自己的劳动，创造出美好生活的物质基础，而不是扒窃抢劫和杀戮。这就是手的幸运了。

我们的脏腑希望它能劳逸结合，不要总是爆满，不要连轴转；要有张有弛，劳逸结合；不要被塞进太多赘物，不要无端地被消耗能量。

颈椎希望能不时地扬起头，舒展它弯曲的弧度。而不是终日保持一个僵硬的姿势，以致每一节间隙都缩窄，过度摩擦，增生长出骨刺。

脊骨希望自己能够庄严地挺直，快乐向前。这不仅是生理的需要，也是心理的需要。一个卑躬屈膝的人，谈不上尊严。而没有尊严的人，不会好好对待自己，因为他看不起自己，以为自己只是蝼蚁之物。

我们的肩膀，希望能担负一定的担子。不要太轻，那样就失去了肩负的责任。也不能太重，超过了负荷，肩周就会发炎。

双脚，希望坚稳地站立在大地之上。那种为了显示自己比实际高度更高的内外增高鞋，骨子里是虐待双脚的刑具。

我们的双腿，希望能在正当的道路上挺进。时而可以疾跑，时而可以漫步，时而可以暂停，倾听婉转莺啼。

我们的皮肤，希望能顺畅地呼吸，而不是被厚厚的脂粉糊满，戴一套石灰盔甲。

我们的头发，希望按照它的本来面目，在风中舒展。黑就是黑，白就是白，黄就是黄。而不是像鸡毛掸子似的五颜六色，被反复弯曲和拉直，好像它是多变的小人。

我们的心脏，希望匀速地跳动。运动的时候可以适时加快，睡眠的时候，可以轻柔缓舒。需要拍案而起的时候，它可以剧烈搏动，以输出更多的血液，支撑我们怒发冲冠的豪气。千钧一发的时刻，它可以气壮山河地泵出极多血液，以提供给我们叱咤风云、顶天立地的力量。

还有性腺和内分泌系统。爱惜它们就要善待它们。它们给我们以繁衍的基础，并伴以美妙的喜悦。不要为了得到感官的兴奋，就毫无限度地驱使它们。那种竭泽而渔的疯狂，让我们失去的不仅仅是快乐，还有生命力。

我惊叹人体的奥秘，大自然是何等慷慨地把最伟大的恩赐降临于我们体内。身体的每一个细枝末节，都遵循颇有深意的蓝图构建起来并完整地传承，兢兢业业，一丝不苟。

只有爱自己的人，才有可能爱别人。一屋不扫，何以扫天下？一个不爱自己的人，断不会心细如发地爱别人。

爱己爱人，都是一种能量。它不是与生俱来，而是通过感知和模仿，通过领悟和学习，才慢慢积聚起来，直至蔚然成风。

这世上有太多的人不爱自己，第一个证据就是他们成了身体的叛徒。他们视身体是一团与己无关的肮脏抹布。

女子会委身于不爱的人，只是为了换取利益和金钱。她们将身体弃如敝屣，任它污浊与破旧。

男人们将身体与意志隔绝开来，全然不顾身体的叹息与呻吟，将其逼至崩溃的边缘；甚至无视道德和法律，追索感官的极度放纵。

所有人的身体，都理应洁净而温暖。不仅儿童和青年的身体圣美，中老年人的身体也依旧是和煦与高贵的。

纵使曾经被侮辱与损害，自有负罪之人为之承责，身体是无辜的。那些以为只有童子才清爽、处女才芬芳的念头，来自人性的无知和男权的霸道。

不过，这并不是好好爱自己的全部。在身体里，还有无比尊贵的主宰，那就是我们的灵魂。

爱惜灵魂，是好好爱自己的最高阶段。

有人说灵魂有21克重，说在死亡的那一瞬间，灵魂会飞向天空。我不知道这个说法是否科学，但我相信在美好的身体里，一定安住着同样精彩的灵魂。

它是人类最优秀的价值观之总和，是我们瞭望世界的支点。它凝聚了人类所信仰、所尊崇、所畏惧和所仰视的一切，在肉体之上放射明亮光芒，穿透风雨迷蒙，照耀着、引导着我们。

如果这一世，你能爱惜身体、珍重灵魂，那么你会成为一艘身心平和的幸福小舟，从港口出发一步步安然向前，驶入珍爱他人、珍爱万物、珍爱世界的宽广大海。

最单纯的生活必需品

必需的东西越少，我们的脚步就越轻捷。

迪士尼版的《森林王子》，描写一个人类婴孩巴克利，偶入大森林，被野狼阿力一家收养，在大熊巴鲁、黑豹巴希拉等动物的呵护与培养下，成为友善、勇敢、智慧、快乐的少年，描绘了一幅人与动物在大自然的怀抱中和谐相处的图画。

片中各种动物的造型和举止，颇符合物种个性的特征，险而不惊。特别是蟒蛇与巴克利的斗智斗勇，美妙的搏斗场面既让人想起蛇那阴险狡诈的秉性，被它的盘旋弄得眼花缭乱，又让人在紧张中怡情，充满了机警的悬念。大熊巴鲁为了拯救巴克利，与森林王老虎谢利展开了殊死搏斗，以致昏倒在地。黑豹巴希拉误以为它已阵亡，心情激动地致了一段感人肺腑的悼词。大熊巴鲁慢慢苏醒后，躺在地上，一动不动地倾听着，在庄严肃穆中引出人们啼笑皆非的泪水。

巴鲁复苏之后，开始教导人类的孩子巴克利如何在大自然中生活。那只载歌载舞的憨厚大熊，反复吟唱着一句话——"让我们，得到，最单纯的生活必需品……"

真是令人拍案叫绝的真理——最单纯的生活必需品——由一只熊告诉我们。

人想活着，就必然有一些必不可少的物件陪伴左右。几年前，我见到一个乡下孩子和一个城里孩子在做游戏。一张卡片，正面写着问题，背面写着答案。双方看着问题回答，对与不对，以卡片为准。那题目是——生命存活的三大基本要素是什么？

城里孩子说，这还不简单吗，就是脂肪、蛋白质和碳水化合物呗！

乡下孩子说，啥叫脂肪？不就是猪大油吗？人没有猪油那些荤腥吃，能活。蛋白质是啥？不就是鸡蛋吗？人吃不上鸡蛋也可以活的。碳水化合物是啥东西，俺不知道。俺只知道人要活着，最要紧的是要有水、火柴和粮食！

那张硬硬的精美卡片后面的答案，判定城市孩子的回答正确。但说心里话，我更认为乡下孩子的答案率真、智慧。

纵观人类的历史，我们的生活必需品的名录，就像银行信用卡恶意透支的黑名单，是越来越长了。一千年前，假如我们外出，真如那个乡下孩子所讲，只需带上水和干粮，再携一把火镰，就可以走遍天下。现在呢，要有旅游鞋休闲装、盆碗帐篷净水器、驱蚊油防晒霜、卫星电视、电话机……

这应该算是进步吧？只是大自然不堪重负了。养育一个现代人的物资，足够当初养活一百个、一千个原始人。

大熊的箴言里，还有一个含义——单纯。单纯是一种很真实很透明的东西，我们已经在进化中将它忽略和玷污了。比如水吧，人体的细胞所需要的，是纯净的自然之水，而绝不是啤酒、可乐和掺了色素的某种浑浊液体。人们先是把水弄得很复杂，然后再把脏水过滤。当人们饮着这种再生的清水时，沾沾自喜，以为是文明和进步，其实比古代人的饮水质量还差着档次。

再如空气，人的肺所需要的，是凛冽的、清新的山谷森林之风，而绝不是被汽车吞吐了千百次的工业废气。人们聚集在城市里，在空气中混淆进数不清的杂质，然后摇摇头说，这样的地方，太不利于健康了。于是就开着汽车，满世界找青山绿水的地方，心安理得地住下来，把新的污染带给那里。

人体本来应该简洁明确地表白自己的内心，这样会避免多少误会，节约多少人生，增进多少了解，加快多少速度啊！但是，不。人们变得虚伪、客套、声东击西、云山雾罩，并尊称这些技术技巧为礼仪和外交，让世界变得遮遮掩掩、诡谲莫测。于是，无数人在这面无法超越的黑斗篷前终生猜谜，并以此形成许多新的职业和窥探的癖好。

也许我们可以对自己精神和物质生活中所需物品的庞大分子分母，来一个约分。本着单纯和必需的原则，把太繁多的精简，把太复杂的摈弃。必需的东西越少，我们的脚步就越轻捷。少需要物者少烦恼。因为必需少，所以受限轻，人就获得了更快的行走、更高的飞翔。

　　"单纯"这件事，说起来简单，做起来不容易。世界上有许许多多的杂质，无时无刻不在腐蚀着单纯。人们往往以为单纯只存在于童贞，如果你在晚年还保有单纯，如果不是太傻，就是天赐的一种好运气，保佑你未曾遭遇污浊侵袭，所以依旧清澈。其实，最有力量的单纯，是历练过复杂之后的九九归一。以不变应万变，自身有过滤化解和中和澄清的功能。任你血雨腥风，我自静若处子。心永远清清的，呼吸永远轻轻的……

红枣的清香，你要慢慢尝

你只有很清醒地知道你此刻在干什么，才能品味出这个时刻独有的韵味。

真正的修行在哪里都可以完成，可以随时随地自我觉察。每一个"当下"都如灵猫一样轻盈灵醒地闪过，清清爽爽地知道自己内心发生了什么。是尴尬，也不掩饰；是愤怒，也不拒绝；是欢欣，就鼓舞；是悲痛，就欲绝……如此锱铢必较地过着生命，那生命就华美和悠长起来。

我儿子有一次对我提出意见，说我没有教会他慢慢地吃饭，这样从小到大，就丧失了品尝很多美味的时刻。

我觉得他说得很有道理。细细反思自己的经历，我从小在幼儿园，吃饭时就被教导要默不作声地赶快吃。谁吃得快、吃得干净，就会给谁插上一面小红旗。上学的时候住校，也讲究的是悄无声息地吃饭，那时候偌大的学生食堂，几百名学生心无旁骛地吃饭，好像一大笸箩春蚕在咀嚼桑叶，只有细碎的咔嚓声。再后来，是当兵。第一次吃军粮的时候，吓了我一大跳。因为从苦寒之地来的兵占多数，到了兵站，盛馒头的竹筐刚端上来，人们就饿虎扑食般围拢过去，用筷子一扎若干个馒头，仿佛巨大的白色糖葫芦串，举着跑掉，到一旁忙不迭地狼吞虎咽。我从来没见过这阵势，未及动手，筐已见底，只剩下几块馒头皮耷拉在竹篾上，好像残破的白旗。

我本来以为带兵的老同志会对这种混乱局面提出批评，没想到他笑眯眯地看着争抢馒头的新兵们，一个劲儿地说："好！"我说："好什么呀？我还没吃就没了。"老同志语重心长地说："你要上去抢啊！记住，能吃才能干！能吃才不怕死！"

后来，我也学会了抢着吃饭。因为一来不抢你就吃不上饭，二来部队有句谚语，叫作——吃饭不积极，思想有问题。谁愿意戴这顶落后的帽子啊？

再后来，我转业回到北京，担任卫生所所长，官虽极小，事却极多。那时我又开始业余文学创作，能够利用的空当只能是休息和吃饭的时间。就这样，一来二去，我就变成了一个吃饭很快的人。可能是在我的影响和榜样作用下，孩子吃饭的速度也很快。

检讨这一生，快快吃饭的时间，占了百分之八十以上的吃饭史。后来，我终于有意识地开始减慢吃饭的速度。这才发现，慢慢吃饭，就像慢慢行船一样，可以看到更多的风景，也可以感受到更多的美好滋味。

　　说了半天吃饭，其他的事也不妨推而广之。你只有很清醒地知道你此刻在干什么，才能品味出这个时刻独有的韵味。把一个红枣囫囵吞下，你第一口碰到的就是核儿了。如果你慢慢地品尝，会有温润甘甜的清香长留齿间。

千头万绪是多少

千头万绪有一种邪恶的威慑力，恐惧和慌乱是它的左膀右臂。

"千头万绪"这个词，有一种沸沸扬扬的夸张和缠人喉咙的窒息感，让人心境沮丧、捉襟见肘，好像一个泥潭，不留神陷进去，会被它掩了口鼻，呛得眼睛翻白，甚或丢了性命，也说不定。

现代人很常用——或者简直就是爱好用这个词，来描绘自己的生存状况。常常听到人们说自己的处境——千头万绪，要干的工作——千头万绪，待处理的事务——千头万绪，须承担的责任——千头万绪……千头万绪几乎成了一条癞皮狗，死缠烂打地咬住每位现代人的脚跟，斥之不去。

千头万绪是一个主观的判断，一个夸张的形容。难道对一个普通人来说，世上就真有一万件事，非得你"御驾亲征"不可？

当我们认定自己进入了千头万绪这一局面的时候，心就先慌了。披头散发，眉毛胡子一把抓，天空也随之有了阴霾。因为紧迫，我们就慌不择路。结果是线头越搅越多，原本可以解开的结，也成了死扣。

千头万绪有一种邪恶的威慑力，恐惧和慌乱是它的左膀右臂。一旦被这两个魔头统治了心神，我们在灾难的海市蜃楼面前，往往顿失镇定和勇气。

我认识一位女友，当她说到自己的近况时，脸色晦暗，手指颤抖，嘴唇也扭曲了，显出干涸辙印中小鱼的表情。

她的确是遇到了足够多的麻烦。丈夫外遇十年，儿子正逢高考，模拟考试成绩很不理想。她接手奋战了一年的科研项目，已到了关键时刻，她的高血压又犯了，整天头晕。一天上街由于精神恍惚，她被小偷割裂了书包，并偷走了上千元钱。她的邻居在装修房屋，每天电钻声吵得她耳鼓几乎爆炸……

"有的时候，真想一死了之！千头万绪啊，我看不到一点光明！"她这样说，狠狠捶着自己的太阳穴。

我说，我能体会到你心中的痛楚和无奈。你想改变这一切，但感到自己的绝望和孤独。我们先找到一张白纸，把你最感痛苦烦恼的事情写下来，然后我们看看，有什么办法可以逐个解决它们。

洁白的纸，铺在桌面，如同一片无瑕的雪地。左是起因，右写对策。女友提笔写下：

1. 夜里睡不好觉，电钻声太吵。

我很惊讶地问她，那装修的人家居然敢冒天下之大不韪，在夜里开动电钻？

女友愣了一下，然后说，那倒不是。楼下孀居多年的邻居要结婚了，房屋不整也实在当不了新房。那家事先已出了安民告示，晚上八点以后，不再使用电钻。

我说，那么，你睡不好觉，就另有原因，并不能归咎于电钻了。

她对着白纸，看了半天，仿佛不认识自己写下的那一行字。然后她把"电钻"云云删去了，在对策一栏里，写下——吃两片安眠药。

"继续整理你的烦恼。"我说。

2. 丈夫外遇十年。

真是一个折磨人的大难题。我定定神问，你最近才知道吗？

她嘶哑地答，早知道了。

我说，你打算最近采取行动，彻底解决这个问题吗？

她思忖着说，时机还不成熟。无论是离婚还是敦促他痛改前非，都需要时间。

我说，那它是可以从长计议的，也就是目前采取的对策是等待。

女友点点头。

3. 昨天丢了一千元。

我说，真倒霉啊，对你是雪上加霜。你报案了吗？

她说，报了，但是没寄什么希望。

我说，那就是说，你基本上觉得这笔损失是不可挽回的啦？

她很快地回答，是啊。

我说，不一定啊。也许你不停地愁苦下去，把自己的太阳穴敲出一个透明窟窿，小偷会良心发现，把那笔钱送回来。

她扑哧一声笑了，说，瞧你说的。那小偷根本不知道我是谁，哪怕我今天自杀了，他也不会发慈悲的。

我正色道，说得好。这笔损失，并不因你的痛楚，而有复原的可能。

女友想了想，就把这一条划掉了，重写了一个："3. 孩子考不上大学。"

我陪着她深深地叹了一口气，然后问她，你是直到今天才意识到孩子上大学无望吗？

她摇摇头，说，他学习成绩一直不好，这结果其实已在意料之中。以前总幻想能出现一个奇迹，现在彻底破灭了。

我说，不符合实际的幻想破灭，你说是件好事还是坏事？

她明白了我的用意，但还是很沉重地说，面对残酷的现实，总是让人难以接受。

我说，是啊。但事实是否因你的不接受，而有改变的可能呢？

女友说，我还是希望孩子能有接受高等教育的机会啊。

我说，此次没有考上大学，并不意味着孩子永远失去了接受高等教育的机会。

她突然抓住我的手说，你的意思是，还有机会？

我说，你觉得呢？我记得你就是通过自学直接考取的研究生啊。

她沉默了很长的时间，然后一字一顿地说，是啊。孩子已经十八岁了，教会他如何应对困境，也许更重要。于是她写下对策——重新来，继续下去。

4. 高血压。

我说，你的血压是否已经像珠穆朗玛峰一样，成了世界上的第一高峰了呢？

她有些气恼了，说，我真的很痛苦，你却在这里穷开心。

我把脸上的笑容收起，说，对于病，也要有一个战略藐视、战术重视的应对。我相信，你的高血压并非到了药石罔效的地步，只要按时吃药，是可以控制的。你服药很可能没遵医嘱。

她有些不好意思，反问，你怎么知道的？

我说，别忘了，我还是有二十多年医龄的老大夫。你瞒不过我的火眼金睛。

女友老老实实地交代，一忙起来，就忘了。她规规矩矩地写上对策——遵医嘱。

女友的脸色渐渐平稳，但她还是愁肠百结地写下了最后一条。

5.科研任务紧迫。

我说，关于此项艰巨的任务，你承担了一年。现在到了最后攻关阶段，你是否已对自己丧失了信心？

她很坚定地回答，没有。只是我的心情不好，你知道，对于一个搞研究的人来说，心情就是生产力啊。

我一拍她的手掌说，你讲得好！但心情纯属你精神领域的感觉，你为什么不能使自己的心情明亮起来呢？

她说，讲得轻松！不挑担子肩不疼。我这里千头万绪，哪里就亮得起来。

我含笑说，看看你的千头万绪，还剩下多少？

那张洁白的纸上，写着：

失眠——安眠药

丈夫外遇——从长计议

丢钱——自认倒霉

儿子未考上大学——重新来，继续下去

高血压——遵医嘱

科研攻关——好心情

她看了一遍又一遍，好像不相信自己的千头万绪已细化成如此简明扼要的条款。"看来，我只要今晚吃上两片安眠药，明早醒来，阳光依旧灿烂？"她有些半信半疑。

我说，当所有的头绪都搅在一起的时候，的确很可怕，它们使我们的心情变得极为恶劣，智力陡然下降，判断连续失误，于是事情就进入了一个更糟糕的怪圈。把它们理清，列出对策，就可以逐一攻克了。好心情并不源于一帆风顺，而是生长于从容和坚定的勇气中啊。

女友说，哈！我知道啦！我们每个人都有长出好心情的土地，就看你是否耕耘它。

不真实不现实的工作

在你考虑问题的时候，对那些小概率事件，干脆不要打到算盘里。

世界上很少有报酬丰厚却不需要承担巨大责任的便宜事。

记得我在一所中学和孩子们谈心，他们尚年幼，我以为他们对各自的将来还懵懵懂懂。不想大谬。几乎每个孩子都能振振有词地把将来的工作阐述一番。让我吃惊的是，他们向往的职位，都是挣钱多又轻松惬意，且不用承担很大的责任。

我不知道这种想法从何而来，估计是周围的成人灌输给他们的吧。我以为这是一种不良的期待。

第一，这不真实。世界上有没有挣得多、活儿又轻松的事呢？我不敢说绝对没有，但我敢说，概率一定非常低。如果大家都想找这样的事，那几乎轮不到你头上。依我多年来的经验，在你考虑问题的时候，对那些小概率事件，干脆不要打到算盘里，因为太容易碰壁，到那时你会埋怨社会不公平。其实，是你先对这种可能性的概率失去了公平的判断。

第二，这不现实。现实是，这基本上是个付出劳动才能获得收益的世界。我见过付出了劳动却得不到收益的事，这种事还真不算少。于是便有了这样的说法：只问耕耘，不问收获。为什么不问呢？因为没法问，问了，那回答也不乐观，收获很可能是零，或是零点几。应对的法子就是大家干自己喜欢干的事情，即使收获是零，因为在做事的过程中，你收获了喜悦，乐在其中，也就物有所值了。总而言之，你干活得不到报酬的事，常常发生。反过来的事，几乎没有。你说现实残酷也罢，不讲理也罢，它就是这样一板一眼，自说自话。

第三，行业中有许多秘密你不知道。你看到的只是表面现象。为什么别人可以得到既风光收入又好的工作？当事人不一定把所有的秘密都告诉你。

写在这里，是想提醒那些期望少干活多拿钱的人，及早放弃这个念头。不然的话，徒生烦恼和痛苦。

忍受快乐

忍受快乐，是一种怯懦。享受快乐，是一种学习。

忍受快乐。

这个提法，好像有点不伦不类。快乐啊，好事嘛，干什么还要用"忍受"这个词？习惯里，忍受通常是和痛苦、饥寒交迫、水深火热联系在一起的。

忍受是什么呢？是一种咬紧嘴唇、苦苦坚持的窘迫，是一种打碎牙齿和血吞的痛楚，是一种期待困难减弱、祈祷苦难消散的呻吟，是一种狭路相逢、听天由命的无奈。

如果是忍受灾害，似乎顺理成章；忍受快乐，岂不大谬？天下会有这种人？人们惊愕着，以为这是恶意的玩笑或误会。

环顾四周，其实不欢迎快乐的人比比皆是。不信，你睁大眼睛仔细观察一下，当快乐不期而至时，大多数人的惊慌失措吧。

最具特征的表现是对快乐视而不见。在这些人的心底，始终有一个冷硬的声音在回响："你不配拥有……这是过眼烟云……好景终将飘逝……此刻是幻觉……人生绝非如此……啊！我太不习惯了，让这种情形快快过去吧……"

我们姑且称这种心绪为"快乐焦虑症"。

这奇怪的病症是怎样罹患的？

许多年前，我从雪域西藏回北京探家，在车轮上度过了20天时光。最终到家，结束颠沛流离之后，有几天的时间，我无法适应岿然不动的大地。当我的双脚结结实实地踩在土地上的时候，我感觉怪诞和恐慌，焦灼不安地认为，只有那种不断晃动和起伏的颠簸才是正常的。

你看，经历就是这么轻易地塑造了一个人的感受和经验。当我们与快乐隔绝太久，当我们在凄苦中沉溺太深的时候，我们往往在快乐面前一派茫然。这种陌生的感觉，本能地令我们拒绝和抵抗。当我们把病态看成了常态时，常态就成了洪水猛兽。

一些人，对快乐十分有隔膜。他们只习惯于打拼和搏斗，不识天真无邪的快乐为何物。他们对这种美好的感觉是那样骇然和莫名其妙，他们祈祷它快快过去吧，觉得还是沉浸在争执的旋涡中更为习惯和安然。

还有一些人，顽固地认为自己注定不会快乐。他们从幼年起就习惯了悲哀和苦痛，他们不容快乐来打扰自己，不能承受快乐的重量。他们更习惯了叹息和哀怨，甚至发展到只有在灰色的氛围里才有变态的安全感。那实际上是一种深深的忧虑造成的麻痹和衰败，他们丧失了宁静地承接快乐的本能。

他们甚至执拗地蒙起双眼，当快乐降临的时候不惜将快乐拒之门外。他们的"快乐焦虑症"已经发展到了"快乐恐惧症"。

当快乐敲门的时候，他们会像打寒战一般抖起来。当快乐失望地远去之后，他们重新坠入喑哑的泥潭中昏睡了。

常常有人振振有词地说："我之所以不接受快乐，是因为我不想太顺利了，那样必有灾祸。"

此为不善于享受快乐的经典论调之一。快乐就是快乐，它并不是灾祸的近亲，和灾祸没有什么血缘关系。快乐并不必然与冲昏头脑、想入非非相连。灾祸的发生自有它的轨迹，和快乐分属不同的目录。中国有句古话叫"乐极生悲"，我相信世上一定有这种巧合，快乐之后紧跟着就降临了灾难。但我要说，那并不是快乐引来的厄运，而是灾难发展到了浮出水面的阶段，灾难在许多因素的孕育下自身已然强大。越是在这种情形下，我们越是要珍惜快乐，它珍贵且短暂。只有充分地享受快乐，我们才有战胜灾难的动力和勇气。

许多人缺乏忍受快乐的气度，怕自己因为享受快乐而触怒了什么神秘的力量，怕快乐导致自己毁灭。

快乐本身是温暖和适意的，是欢畅和光亮的，是柔润和清澈的，也是激烈和富有冲击力的。

由于种种幼年和成年的遭遇，有人丢失了承接快乐的铜盘，双手掬起的只是泪水，这不是他们的过错，但是他们永远沉沦于悲哀。他们不敢享受快乐，他们只能忍受。当快乐来临的时候，他们手足无措、举止慌张，甚至以为一定是快乐敲错了门，它应该到邻居家去串门的，不知怎么搞错了地址。快乐的笑脸把他们吓坏了，他们在快乐面前感到大不自在，赶紧背过身去，快乐就只能寂寞地遁去。

快乐是一种心灵自在安详的舞蹈，快乐是爱自己的同时享有爱的欢愉，快乐是身心的舒适和松弛，快乐是一种和谐和宁静。

当我们奔波、颠簸、动荡、烦躁太久之后，我们无法忍受突然的安稳和寂静。我们在无边无际的喧闹中，遗失了最初的感动，我们已忘怀大自然的包容，我们便不再快乐。

很多人不敢接受快乐的原因，是觉得自己不配快乐。这真是一个奇怪的逻辑。快乐是属于谁的呢？难道不是像我们的手指和眉毛一样属于我们自身的吗？为什么让快乐像一个无人认领的孤儿一样在路口徘徊？

人是有权快乐的。甚至可以说，人就是为了享受心灵的快乐才努力奋斗的，才与其他人交往的。如果这一切只是为了增加苦难，我们还有什么理由为此奋斗不息？

人是可以独自快乐的，人的感觉不相通。既然没有人能代替我们感受切肤之痛，也就没有人能指责我们独自快乐。不要以为快乐是自私的，当我们快乐的时候，我们就播下了快乐的种子。我们把快乐传递给周围的人，我们善待周围的世界，这又怎么能说快乐是自私的呢？

当我们不接纳快乐的时候，我们实际上是不尊重自己，不信自己，不给自己留下精神驰骋的空间。

快乐是一种无拘无束的展翅翱翔，快乐是一种淋漓尽致的挥毫泼墨，快乐是一种两情相依，快乐是一种生死无言。

对于快乐，我们如同对待一片丰美的草地，不要忍受，要享受。

享受快乐，就是享受人生。如果不享受快乐，难道要我们享受苦难？即便苦难过后给我们留下了经验，当苦难翻卷着白色的泡沫的时候，也是凶残和咆哮的。

快乐是我们人生得以有所附丽的红枫叶，快乐是维系生命之旅的坚韧缰绳。当快乐袭来的时候，让我们欢叫，让我们低吟，让我们用灵魂的相机摄下这些瞬间，让我们颔首微笑地分享它悠远的香气吧。

忍受快乐，是一种怯懦。享受快乐，是一种学习。

严格与苛刻

一个对自己不苛刻的人，通常对别人也不会太苛刻。

严格与苛刻，有时候容易混淆。

在力所能及的情况下，对自己的要求，达到最高水准的百分之八十，这就是严格了。苛刻呢，是让自己去做平常时分做不到的事情，或者别人能做到，也许自己在最好的情况下能做到，但是大多数情况下做不到的事情。

说实话，我主张做一个对自己不苛刻的人。为什么呢？因为一苛刻，好玩的事情就不好玩了，就变成了苦差事。一件事，适当地苦苦，是可以的，但不可以太苦。太苦，我们就丧失了坚持做下去的勇气。一件事，也不可以苦的时间太长，短时间苦苦是可以的，但一定要有苦尽甘来的时光。不然，生命就失去了本来的光彩，变成了一场苦行僧的秀了。

太苦的时候，我会放弃。我觉得这不是怯懦，只是一种选择。世界上的事情，只要不危及他人的根本利益，自己应有权处置。我不喜欢苦到黄连般的感觉，希望人生中多些光明和希望，多些温暖和幸福。所以，对我来说，我不苛刻。一个对自己不苛刻的人，通常对别人也不会太苛刻。己所不欲，勿施于人嘛！

我认识一个朋友，他把出书这件事看得很重要。他的书出版了，送给我，书中有他一笔一画改正的错别字。他说，我气得不行，仔细看了，全书有十几个错别字呢！责任编辑太不负责任了。

我那时一本书还没出过，在为他高兴的同时也觉得他很辛苦。我问，你送人的每一本书，都要把错别字改过来吗？他说："那当然。我不能容忍别人看到我书中的错别字。我买了一百本样书，要送几十个朋友。就算不是衣锦还乡，也不能让锦衣上都是虫子蛀的洞。"

我同情地说，一本本地翻找，一个字一个字地改，工作量不小啊。

他很沮丧地说，岂止工作量，关键是心情恶劣。改错别字的时候，气就不打一处来。原本那么好的东西，却出了这么多纰漏。每当看到一个错别字，他就像看到粥锅中的一只蟑螂。这种心痛的感觉，就像自己的孩子被人一下下扇耳光。

他脸上痛不欲生的表情，我至今难忘。后来，我也出书了，我也看到了自己书中的错别字。而且我知道了在图书出版界，万分之一以下的差错率是允许的。要说一万个字里面只有一个错别字，这个标准已很严格，但真正出现了，也仍是不小的差漏。比如一本长篇小说有三十万字，这就意味着，在书中可以有三十个错别字，而这本书依然是合格产品。

三十个错别字！这是个什么概念呢？就像一碗软糯蒸饭，你吃的时候会遇上三十粒沙子。你觉得怎么样？牙根都酸了吧？

不过，我不生气。真的不生气，不是伪装大度。

我想，行业既然规定了这样的标准，就说明这是一种常态。对于常态，没有必要大动干戈。

我相信读者有这种对错别字的承受力。我们要相信群众。一部小说好与不好，主要决定于它的内在质量，错别字并不是核心问题。

作为原作者，当然对自己的产品比较上心，容易斤斤计较，这其实是一种敝帚自珍的心态。其他人多会更宽容，毕竟这只是一部小说，看过了就会忘记，吹毛求疵的必是少数。

那位朋友把责任编辑不负责任的观点四下散布。后来我得知人们不愿意再做他的书的责任编辑，让他的文学道路也多了曲折。这也是苛刻的一种代价吧。

谁是世界上最幸福的人

幸福盲

今天的人们或许并没有比以前感受到更多的幸福。

无论是古代人、近代人还是现代人，对于幸福的追求从未停止过。

生活本身的目的就是获得幸福，追求幸福让众生殊途同归。那么，到底什么是幸福？

古往今来，关于幸福的定义，可以说众说纷纭、五花八门。当我们讨论一个问题的时候，有时可以从"它不是什么"来推断。

首先，幸福不是金钱。

金钱肯定是万分重要的。当然，贫贱夫妻百事哀。在物质极度匮乏的情况下，金钱和幸福有着密切的相关性。但是，随着温饱的满足，人们对幸福的追求，就脱离了金钱增加的轨道。也就是说，金钱成倍地增加了，相应的幸福感却并没有成倍增加。

国外的研究发现，百万富翁和街头乞丐，感知幸福的比例差不多。

到我的心理诊所来咨询的访客中，有些人的婚姻关系亮起了红灯，他们说，我们无比怀念以前没钱的日子，那时候，我俩每天都有说不完的话，两个人一起打拼，乐在其中。现在呢，房子有了，钱有了，可是话没了。两个人的心越离越远了。这是怎么回事啊？是哪里出了问题啊？

看来，不幸福有时和金钱有关，但有了钱，幸福并不能自然而然地降临。

其次，幸福不是高科技。

谈及科技与幸福的时候，所有人的第一反应几乎都以为它们是相关的：有了更多的高科技，人们就会收获更多的幸福。

这个论点粗看之下很有道理。因为有了空调，人们不再受酷热严寒之苦，安逸舒适，自然多了幸福。2009年7月，北京酷热，有一天我看到报纸上登了一封读者来信，一位产妇说，我刚生了宝宝，我们这一带停电了，宝宝在没有空调的房间里受了大罪了，这可怎么办呢？太痛苦了！

看了这封忧心忡忡的读者来信，我就想起我孩子也是生在7月，那一年，北京也是酷暑。当然没有空调，不过，也安然度过来了，好像并没有产生"婴儿在没有空调的房间里就不能生活"的顾虑。从这个角度来说，高科技不但没有增加人们的幸福感，反倒让人变得更敏感、更弱不禁风了。

有了火车，人们夕发朝至，免了鞍马劳顿之苦，快捷安全，自然多了幸福。有了电子邮件，人们手指轻点鼠标，无数思念和信息瞬时抵达，自然多了幸福。较之茹毛饮血、刀耕火种的人类，如今的我们似乎幸福到了天上。然而事实果真如此吗？

不然。今天的人们并没有比以前感受到更多的幸福。

既然幸福不是钱，不是高科技，那么，幸福是不是长寿呢？

在中国古代，"福禄寿"三足鼎立，可见这三样不是一种东西。福是福，福与祸相对，无祸便是福。

寿呢，指的是活得长久。禄，指的是古时官吏的俸禄。

现代人认为：生命不在长度，不在数量，而应更重视质量，重视它的宽度和深度。

现在，我们还要探讨一下——"福"是不是多子多福？

这一点，估计现代人会马上给出否定的答案。孩子并不直接等同于幸福。如果是那样的话，比人具有更多繁殖力的动物就更幸福了。比如鱼和虾甩籽一次可以达到几十万，你能说它们比人类更幸福吗？其实，越是低等动物，它们面临的生存环境越是险恶。为了保证在极端恶劣的环境中种族不灭绝，它们就进化出了大量生殖的本能，这和幸福的确没有多大的关系。就算是在人类社会，多胎的家庭也不一定更幸福。

我们绕了半天圈子，现在还是回到主题上来，一探究竟。幸福到底是什么呢？

讲一个故事。

有一个女人，曾经在这个问题上走入歧途，陷入恐慌，不得不重新思考自己的人生定位。

若干年前，她看到了一则报道，说是西方某都市的报纸，面向社会征集"谁是世界上最幸福的人"这个题目的答案。来稿踊跃，各界人士纷纷应答。报社组织了权威的评审团，在纷纭的答案中进行遴选和投票，最后得出了三个答案。因为众口难调，意见无法统一，还保留了一个备选答案。

按照投票者的多寡和权威们的表决，发布了"谁是世界上最幸福的人"的名单。记得大致顺序是这样的：

第一种最幸福的人：给孩子刚刚洗完澡，怀抱婴儿面带微笑的母亲。

第二种最幸福的人：给病人做完了一例成功的手术，目送病人出院的医生。

第三种最幸福的人：在海滩上筑起了一座沙堡，望着自己劳动成果的顽童。

备选的答案是：写完了小说的最后一个字，画上了句号的作家。

消息入眼，这个女人的第一个反应仿佛被人在眼皮上抹了辣椒油，呛而且痛，心中惶惶不安。当她静下心来，梳理思绪，才明白自己当时的反应是一种深入骨髓的悲哀。原来她是一个幸福盲。

为什么呢？说来惭愧，答案中的四种情况，从某种意义上说，那时的她，居然都在一定程度上初步拥有了。

她是一个母亲，给婴儿洗澡的事几乎是早年间每日的必修课。那时候家中只有一间房子，根本就没有今天的淋浴设备，给孩子洗澡就是准备一个大铝盆，倒上水，然后把孩子泡进去。那个铝盆，她用了 6 元钱，买了个处理品，处理的原因是内壁不怎么光滑，麻麻拉拉的。她试了试，好在只是看着不美观，并不会擦伤人，就买回来了。那时要用蜂窝煤炉子烧水，水热了倒进铝盆，然后再放冷水。用手背试试水温正合适了，就把孩子泡进盆里。现在她每逢听到给婴儿用的洗浴液是"无泪配方"，就很感慨。那时候，条件差，只能用普通的肥皂给孩子洗澡。因为忙着工作，家务又多，洗澡的时候总是慌慌忙忙的，经常不小心把肥皂水溅到孩子的眼睛里，闹得孩子直哭。洗完澡，把孩子抱起来，抹一抹汗水，艰难地扶一扶腰，已是筋疲力尽、披头散发的。

她曾是一名主治医生，手起刀落，给很多病人做过手术、目送着治愈的病人走出医院大门的情形，也经历过无数次了。

回忆一下，那时候想的是什么呢？很惭愧啊，因为忙，往往是病人还在满怀深情地回望着医生呢，她已经匆匆回过头去，赶回诊室。候诊的病人实在是太多了，赶紧给别的病人看病是要紧事儿。再有，医生送病人，也不适合讲"再见"这样的话，谁愿意和医生"再见"呢？总是希望永远不见医生最好。她知趣地躲开，哪里有什么幸福之感？记得的只是完成任务之后长长吁出一口气，觉得已尽到了职责。

对比第三种幸福人的情形，可能多少有一点差距。儿时调皮，虽然没在海滩上筑过繁复的沙堡（这大概和那个国家四面环水有关），但在附近建筑工地的沙堆上挖个洞穴藏个"宝贝"之类的工程，倒是常常一试身手。那时候心中也顾不上高兴，总是担心别让路过的人一脚踩塌了她的"宏伟"建筑。

另外，在看到上述消息的时候，她已发表过几篇作品，因此那个在备选答案中占据一席之地的"画上了句号的作家"之感，也有幸体验过了。这个程序因为过去的时间并不太久，所以那一刻的心境还记得很清楚。也不是什么幸福感，而是愁肠百结——把稿子投到哪里去呢？听说文学的小道上挤满了人，恨不能成了"自古华山一条道"，一不留神就会被挤下山崖。

看到这里，朋友们可能发觉这个糊涂的女人不是别人，就是毕淑敏啊！的确，当时的我，已经集这几种公众认为幸福的状态于一身，可我不曾感到幸福，这真是让人晦气而又痛彻心扉的事情。我思考了一下，发觉是自己出了毛病。还不是小毛病，而是大毛病。如果这个问题不解决，我后半生所有的努力和奋斗，都是镜中花水中月。没有了幸福的基础，所有的结果都是沙上建塔。从最乐观的角度来说，即使我的所作所为对别人有些许帮助，我本人依然是不开心的。我不得不哀伤地承认，照这样生活下去，我就是一个不折不扣的幸福盲。

我要改变这种状况，我要对自己的幸福负责。从那时起，我开始审视自己对于幸福的把握和感知，我训练自己对于幸福的敏感和享受。我像一个自幼被封闭在黑暗中的人，学习如何走出洞穴，在七彩光线下试着辨析青草和艳花，朗月和白云。我真的体会到了那些被病魔囚禁的盲人，手术后一旦打开了遮眼纱布时的诧异和惊喜，不由自主地东张西望，流下喜极而泣的泪水时的感受。

提醒幸福

常常提醒自己注意幸福，就像在寒冷的日子里经常看看太阳，心就不知不觉地暖洋洋、亮光光。

我们从小就习惯了在提醒中过日子。天气刚有一丝风吹草动，妈妈就说："别忘了多穿衣服。"才结识了一个朋友，爸爸就说："小心他是个骗子。"你取得了一点成功，还没容得乐出声来，所有关心你的人就一起说："别骄傲！"你沉浸在欢乐中的时候，自己不停地对自己说："千万不可太高兴，苦难也许马上就要降临……"我们已经习惯了在提醒中过日子，看得见的恐惧和看不见的恐惧始终像乌鸦盘旋在头顶。

在皓月当空的良宵，我们又会收到提醒："注意风暴。"

于是我们忽略了皎洁的月光，急急忙忙做好风暴来临前的一切准备。当我们大睁着眼睛枕戈待旦之时，风暴却像迟归的羊群，不知在哪里徘徊。当我们实在忍受不了等待灾难的煎熬时，我们甚至会祈盼风暴早些到来。

风暴终于姗姗地来了。我们怅然发现，所做的准备多半是没有用的。事先能够抵御的风险毕竟有限，世上无法预计的灾难却是无限的，战胜灾难靠的更多的是临门一脚，先前的惴惴不安帮不上忙。

当风暴的尾巴终于远去，我们守住家园，气还没有喘匀，新的提醒又响起来，我们又开始对未来充满恐惧和期待。

人生总是有灾难。其实大多数人早已练就了对灾难的从容，我们只是还没有学会灾难间隙的快活。我们太注重让自己警觉苦难，我们太忽视提醒幸福了。

请从此注意幸福！

幸福也需要提醒吗？

提醒注意跌倒……提醒注意路滑……提醒受骗上当……提醒宠辱不惊……先哲们提醒了我们一万零一次，却不提醒我们幸福。

也许他们认为幸福不提醒也是跑不了的。也许他们以为好的东西你自会珍惜，犯不上谆谆告诫。也许他们太崇尚血与火，觉得幸福无足挂齿。他们总是站在危崖上，指点我们逃离未来的苦难。但避去苦难之后是什么？

那就是幸福啊！

享受幸福是需要学习的，幸福即将来临的时刻需要被提醒。人可以自然而然地学会感官的享乐，却无法天生掌握幸福的韵律。灵魂的快意与器官的舒适像一对孪生兄弟，时而相傍相依，时而貌合神离。

幸福是一种心灵的震颤。它像会倾听音乐的耳朵一样，需要不断地训练。

简言之，幸福就是没有痛苦的时刻。它出现的频率并不像我们想象的那样低。人们常常只是在幸福的金马车已经驶过去很远后，才捡起地上的金鬃毛说："原来我见过它。"

人们喜爱回味幸福的标本，却忽略幸福披着露水散发清香的时刻。那时候我们往往步履匆匆，瞻前顾后，不知在忙着什么。

世上有预报台风的，有预报虫灾的，有预报瘟疫的，却没有人预报幸福。其实幸福和世间万物一样，有它的征兆。

幸福常常是朦胧的，很有节制地向我们喷洒甘霖。你不要总希冀轰轰烈烈的幸福，它多半只是悄悄地扑面而来。你也不要企图把水龙头拧大，因为幸福会很快地流失，你须静静地以平和之心体验幸福的真谛。

幸福绝大多数是朴素的。它不会像信号弹似的在很高的天际闪烁红色的光芒。它披着本色外衣，温暖地包裹起我们。

幸福不喜欢喧嚣浮华，常常在暗淡中降临。贫困中相濡以沫的一块糕饼，患难中心心相印的一个眼神，父亲一次粗糙的抚摸，女友一张温馨的字条……这都是千金难买的幸福啊，像一粒粒缀在旧绸子上的红宝石熠熠夺目。

幸福有时会同我们开一个玩笑，乔装打扮而来。机遇、友情、成功、团圆……它们都酷似幸福，但它们并不等同于幸福。幸福会借了它们的衣裙袅袅婷婷而来，走得近了，揭去帏幔，才发觉它有钢铁般的内核。

幸福有时会很短暂，不像苦难似的笼罩天空。如果把人生的苦难和幸福分置天平两端，苦难体积庞大，幸福可能只是一块小小的矿石，但指针一定要向幸福这一侧倾斜，因为它是生命的黄金。

幸福有梯形的切面，它可以扩大也可以缩小，就看你是否珍惜。

我们要提高对于幸福的敏感，当它到来的时刻，激情地享受每一分钟。据科学家研究，有意注意的结果比无意注意的结果要好得多。

当春天来临的时候，我们要对自己说："这是春天啦！"心里就会泛起茸茸的绿意。

幸福的时候，我们要对自己说："请记住这一刻！"幸福就会长久地伴随我们。

那我们岂不是拥有了更多的幸福？

所以，丰收的季节先不要去想可能的灾年，我们还有漫长的冬季来考虑这件事。我们要和朋友们跳舞唱歌，渲染喜悦。既然种子已经回报了汗水，我们就有权沉浸在幸福中。不要管以后的风霜雨雪，让我们先把麦子磨成面粉，烘一个香喷喷的面包。

所以，当我们从天涯海角相聚在一起的时候，请不要踌躇片刻后的别离。在今后漫长的岁月里，有无数孤寂的夜晚可以独自品尝愁绪。现在的每一分钟，都让它像纯净的酒精，燃烧成幸福的淡蓝色火焰，不留一丝渣滓。让我们一起举杯，说："我们幸福。"

所以，当我们守候在年迈的父母膝下时，哪怕他们白发苍苍，哪怕他们垂垂老矣，你都要有勇气对自己说："我很幸福。"因为天地无常，总有一天你会失去他们，会无限追悔此刻的时光。

幸福并不与财富、地位、声望、婚姻同步，这只是你心灵的感觉。

所以，当我们一无所有的时候，我们也能够说："我很幸福。"因为我们还有健康的身体。当我们不再享有健康的时候，那些最勇敢的人依然可以微笑着说："我很幸福，因为我还有一颗健康的心。"

甚至当我们连心也不再存在的时候，那些人类中最优秀的分子仍旧可以对宇宙大声说："我很幸福，因为我曾经生活过。"

常常提醒自己注意幸福，就像在寒冷的日子里经常看看太阳，心就不知不觉地暖洋洋、亮光光。

幸福的七种颜色

只要你认真寻找，幸福比比皆是。

幸福应该有多少种颜色呢？

"说不清。"我回答。

大家听了可能有点迷糊，说："你自己既然不知道，为什么又曾说过有七种颜色呢？"

在文化中，"七"这个数字，有点意思。

欧洲人自古以来就格外钟情于"七"这个数字。源头应该是古希腊。古希腊人认为自然界是由水火风土四种元素组成的，而社会的基本细胞是家庭。完整的家庭，是由父亲、母亲和孩子三部分组成的。之后做一次加法，把自然和社会组成的世界统计一下，就有七种基本元素。古希腊人酷爱加法，认为世界上的基本图形是正方形、三角形以及完美的圆形，毕达哥拉斯学派就是这一主张的坚定拥趸。你劳神把这些图形的角的数量加起来，哈！也是七。

中华文化对七也颇多好感。《说文解字》里面说：七，阳之正也。这个七啊，又神秘又空灵。常为泛指，表明"多"的意思。

托尔斯泰老人家说，幸福的家庭都是相似的，唯有不幸的家庭各有各的不幸。我当过多年的心理医生，觉得不幸的家庭都是相似的，唯有幸福的家庭却是各有各的不同。

你可能要说，这不是成心和托尔斯泰抬杠嘛！我还没有落到那种无事生非的地步。你想啊，只有香甜的味道，才可反复品尝，才能添加更多的美味在其中，让味蕾快乐起舞。比如椰蓉，比如可可，比如奶油……丰富的层次会让你觉得生活美好、万象更新。如果那底味已是巨咸、巨苦、巨涩，任你再搁进多少冰糖、多少香料，都顷刻消解。那难耐难忍的味道，依然所向披靡，你除了干呕，再无良策。

早年间我在西藏阿里当兵，冬天大雪封山，零下几十度的严寒，断绝了一切与外界的联系。我们每日除了工作，就是望着雪山冰川发呆。有一天，闲坐的女孩子们突然争论起来，求证一片黄连素的苦，可以平衡多少葡萄糖的甜。由此可见，我们已多么百无聊赖。一派说，大约 500 毫升 5% 的葡萄糖就可以中和苦味了。另外一派说，估计不灵。500 毫升葡萄糖是可以的，只是浓度要提高，起码提到 10%，甚至 25%……争执不下，我们最后决定实地测查。那时候，我们是卫生员，葡萄糖和黄连素乃手到擒来之物，说试就试。方案很简单，把一片黄连素用药钵细细磨碎了，先泡在 5% 浓度的葡萄糖水里，大家分别来尝尝。若是不苦了，就算找到答案了；要是还苦，就继续向溶液里添加高浓度的葡萄糖，直到不苦为止，然后计算比例。临到实验开始，我突然有些许不安。虽然小女兵们利用工作之便，搞到这两种药品不费吹灰之力，但藏北距离内地山路迢迢，关山重重。物品运送到阿里不容易啊，不应该为了自己的好奇而暴殄天物。黄连碎末混到葡萄糖液里，整整一瓶原本可以输入血管救死扶伤的营养液就报废了。至于黄连素，虽不是特别宝贵的东西，能省也省着点吧。我说："咱缩减一下量，黄连素只用四分之一片，葡萄糖液也只用四分之一瓶，行不行呢？"

我是班长，大家挺尊重我的意见的，说"好啊"。有人想起前两天有一瓶葡萄糖，里面漂了个小黑点，不知道是什么杂物，不敢输入到病人的身体里，现在用来做苦甜之战的试验品，也算废物利用了。

试验开始。四分之一片没有包裹糖衣的黄连素被碾成粉末（记得操作这一步骤的时候，搅动得四周空气都是苦的），兑到 125 毫升的 5% 的葡萄糖水中。那个最先提出以这个浓度就可消解黄连之苦的女孩，率先用舌头舔了舔已经变成黄色的液体。她是这一比例的倡导者，大家怕她就算觉得微苦，也要装出不苦的样子，损伤试验的公正性，将信将疑地盯着她的脸色。没想到她大口吐着唾沫，连连叫着："苦死了，你们千万不要来试，赶紧往里面兑糖……"我们为自己以小人之心度君子之腹感到羞愧，拿起高浓度的糖就往"黄水"里倒，然后又推举一个人来尝。这回试验者不停地咳嗽，咧着嘴巴吐着舌头说："太苦了，啥都别说了，兑糖吧……"那一天，循环往复的场景就是——女孩子们不断地往小半瓶微黄的液体里兑着葡萄糖，然后伸出舌尖来舔，顷刻间抽搐着脸，大叫"苦啊苦啊"……

直到糖水已经浓到几乎要拉出黏丝，那液体还是只需一滴就会苦得让人打寒战。试验到此被迫告停，好奇的女兵们到底也没有求证出多少葡萄糖能够中和黄连的苦味。大家意犹未尽，又试着把整片的黄连泡进剩下半瓶的糖水里去，趁着黄连还没有融化，一口吞下，看看结果如何。这一次，很快得到证明：没有融化的黄连之苦，还是可以忍受的。

把这个试验一步步说出来，真是无聊至极。不过，它也让我体会到，即使你一生中一定会邂逅黄连，比如生活强有力地非要赐予你极困窘的境遇，比如你遭逢危及生命的重患，必得要用黄连解救，比如……你都可以毫无惧色地吞咽黄连。毕竟，黄连是一味良药啊！只是，千万不要人为地将黄连碾碎，再细细品尝，敝帚自珍地长久回味。太多的人，习惯珍藏苦难，甚至以此自傲和自虐。这种对苦难的持久迷恋和品尝，会毒化你的感官，会损伤你对美好生活的精细体察，还会让你歧视没有经受过苦难的人。这些就是苦难的副作用。苦的力量比甜的力量要强大得多。不要把黄连掰碎，不要让它丝丝入扣地嵌入你的生活。

只要你认真寻找，幸福比比皆是。幸福不是一种颜色，也不是七种颜色，甚至也不是一百种颜色……幸福比所有这些的相加还要多，幸福是无限的。

你愿意幸与不幸重新分配吗

不幸并不像我们设想的那样多，命运也并非我们想象的那样不公平。

我坚信每一个人，都有属于自己的喜悦和痛楚、幸运和不幸。只是有的人这一部分多些，有的人那一部分多些。正好一半对一半的人，绝对泾渭分明的人，很少。而且这两部分是可以转化的，就看你有没有能力消化。

据说有个小测验，问你愿不愿意把自己的幸福和不幸都交出来，和大家的掺和在一起，然后再平均分配。这个测验说起来有点拗口，其实就是你觉得自己的不幸，是否比平均值要多一些呢？你的幸福，是否比平均值要少一些呢？

很多人常常怨声载道，抱怨老天不公，听那意思好像对自己的命运颇感不满。按理说，这样的人，遇到了重新分配幸与不幸的好机会，来了个吃命运大锅饭的好机会，应该欢呼雀跃才对。

然而，不。

我做过多次试验，几乎所有的人，都不愿把自己的幸与不幸交出去，也就是说，他们还是认为自己的幸福在平均水平之上，如果重新分配，自己的幸福就减少了。同理，他们也认为自己的不幸，是在平均水平之下的，不愿意重新分配之后让自己的不幸变多。

我觉得这个测验有点意思。起码说明了一点，不幸并不像我们设想的那样多，命运也并非我们想象的那样不公平。

有人反驳说，我其实并不是觉得自己的不幸少，只是觉得这些不幸，我已经熟悉它们了，它们就像一些坏脾气的熟人，我虽然不喜欢它们，但已然了解它们的秉性。对于怎样对付它们，我也有些经验了。所以，我不打算再结识新的坏脾气的人了。

这个说法有一点道理，但是，还不能完全解释这一点——人们为什么也不愿获得不同的幸福呢？按说，幸福这个东西，不存在"熟悉的幸福一定比陌生的幸福要高级"的限制啊！

只有一个答案。看来，对于大多数人来说，自己走过的道路还是值得宝贝的，生命还是有希望的，命运还是公正的。

学会爱日常琐事

勇敢地承认自己的平凡，是需要胆量的。然而只有这种承认，才能使我们摆正自己的位置，无牵无挂地享受幸福。

为了获得人生的幸福，必须学会爱日常的琐事才行。

我们都是普通人，哪里有那么多惊天动地的时刻可以参与？就算在惊天动地的时刻站在一旁观察，也要机缘巧合。哪里有那么多千钧一发的关头正好让我们遇到？所以只有艳羡英雄。

我们看不到世上最美的男人和女人，只能在寻常人中打转儿。我们不会拥有天才的孩子，求到一个平安和健康的后代就是福气。我说这些，不是鼓励大家卑微，而是我们本来就像草芥一样平凡。天天在那里做梦觉得自己是千年栋梁，既是对草芥的藐视，也是对栋梁的庸俗猜想。

勇敢地承认自己的平凡，是需要胆量的。然而只有这种承认，才能使我们自己摆正位置，无牵无挂地享受幸福。真正做到不求后果、不遗余力地投入，你倒真的有可能做出一点不平凡的事情来。

心理学相信，每个人都拥有比我们一向自知的更多的内在智慧。那是后话，开头的时候，不必多想。

因为懒惰和匆忙，我们失去了很多东西。细小的裂缝，成了不可弥补的深沟。如果年长却没有倨傲，沧桑而没有绝望，睿智而不让他人压抑，华贵而不让他人自卑，就是人生的大境界了。

抑郁的源头

一位美国心理学家讲述治疗抑郁症的新疗法，他很决绝地说，世界上所有的抑郁症，都是因为在关系上出了问题。

每个人都是这样密切地与他人相关，所以当彼此的关系断裂时，才显出空旷无助的凄楚。断裂的原因，可能是误解、背叛、欺瞒、争吵、鄙视……死亡当然是最彻底的断裂了。生命是一根链条，其中一环断了怎么办？唯一的方法是把链条再接起来。这是需要花工夫动脑子的事情。

我看过一个熟练的布厂女工表演连接棉条。棉条断了，每一根棉丝都断了，如同一根雪白的冰棒被截断。女工把需要吻合的两根棉条对接，展开，让每一根棉丝都找到连接的位置，然后轻轻地捻动，让它们在旋转中融为一体。接好了，抻拽一番，融合得天衣无缝。

这个过程形象地说明了建立新关系的步骤。找到新的位置，然后从容不迫地连接，新的关系就慢慢建立起来了。

世界上的事，简而言之，都是关系使然。人的全部活动，就是三重无法逃避的关系。

第一重关系，是人和自然的关系。人类是自然之子。没有自然，就没有了人所依附的一切。大自然的伟力，在城市里的人，不大容易体会得到。你到空旷的山野和广袤的沙漠中，你置身于晴朗的夜空之下，你在雪山顶端和海洋中央之时，比较容易找到人类应该待着的位置。

第二重关系，是人和自我的关系。你离不开你自己。只要你活一天，你就和自己密不可分。就算是你的肉身寂灭了，你依然和自己的精神痕迹紧紧地贴附在一起，无法分离。

第三重关系，就是人和他人的关系。纵观世界上无数的悲欢离合、潮起潮落，无非就是在这重关系上的跌宕起伏。人是被称为"人群"的，人不是单独的个体，而是人以群分。

这三重关系，无论哪一重发生了断裂，都是噩耗。我们是相互联结的，没有哪一部分的震荡，其他部分可以幸免。所以，英国诗人约翰·多恩说：不要问丧钟为谁而鸣，丧钟为你而鸣。

人永远不要割断自己同外界的联系，不要割断同祖国的联系，不要割断同祖先的联系，不要割断同亲人的联系，不要割断同工作的联系，不要割断同历史的联系，不要割断同文化的联系……正是这重重联系，像斜拉桥的绳索一样，托举着你成为你。

如果桥梁的绳索断了，谁都知道要在第一时间将它修复。但是，人和外界的关联的绳索断了，一时半会儿好像看不出非常严重的后果。你还是你，可以按时上班，可以听音乐和下饭馆，可以聊天和静思。但是，且慢，时间长了，是一定要出岔子的。很多人的抑郁症就是这样悄无声息地产生了。我曾经听一位美国心理学家讲述治疗抑郁症的新疗法，他很决绝地说，世界上所有的抑郁症，都是因为在关系上出了问题。

　　真是这样的吗？

　　你可以不信，但可以好好想一想。

鱼在波涛下微笑

人生所有的问题，都是关系的问题。在所有的关系之中，你和你自己的关系最为重要。

心在水中。水是什么呢？水就是关系。关系是什么呢？关系就是我们和万物之间密不可分的羁绊。它们如丝如缕、百转千回，环绕着我们，滋润着我们，营养着我们，推动着我们；同时也制约着我们，捆绑着我们，束缚着我们，缠绕着我们。水太少了，心灵就会成为酷日下的撒哈拉。水太多了，堤坝溃塌，如同 2005 年夏的新奥尔良，心也会淹得两眼翻白。

人生所有的问题，都是关系的问题。在所有的关系之中，你和你自己的关系最为重要。它是关系的总脐带。如果你处理不好和自我的关系，你的一生就不得安宁和幸福。你可以成功，但没有快乐。你可以有家庭，但缺乏温暖。你可以有孩子，但与他难以交流。你可以姹紫嫣红、宾朋满座，却不曾有高山流水、患难之交。

你会大声地埋怨这个世界，殊不知症结就在你自己身上。

你爱自己吗？如果你不爱自己，你怎么有能力去爱他人？爱自己是最简单也是最复杂的事情。它不需要任何成本，却需要一个无畏的灵魂。我们每个人都是不完满的，爱一个不完满的自己是勇敢者的行为。

处理好了与自己的关系，你才有精力和智慧去研究你的人际关系，去和大自然和谐相处。如果你被自己搞得焦头烂额，就像一个五脏俱空的病人，哪里还有多余的热血去濡养他人！

在水中自由地遨游，闲暇的时候挣脱一切羁绊，到岸上享受晨风拂面，然后，一个华丽的俯冲，重新潜入关系之水，做一条鱼，在波涛下微笑。

为自己建立快乐的生长点

精神领域的探索才是永无止境的，它能提供的快乐也是最高质量的快乐。

人类正在经历有史以来最独特的一个阶段。嘿！简直就是自打人类从树上爬下来之后，五十万年甚或两百万年以来从未有过的独特阶段。

我们生存的威胁，已经不再是祖先们恐惧的风霜雨雪等自然灾害，也不再是布帛菽粟的温饱问题，而是来自亲手制造的核灾难和心理樊笼。这是我们第一次面临人的心灵广泛起到主导作用的阶段，是人类自身演变进程的关键时刻。

我们面对的最大矛盾是——痛由心生。

饭吃饱了，是好事还是坏事呢？当然是好事了。没有尝过饥饿滋味的人，是很难体会到那种极度低血糖带来的虚弱，具有多么恐怖和濒死的感觉。那个时候能得到一块干粮，简直就是无与伦比的幸福。如果是一块喷喷香的烤肉，那更是天堂。

饥饿是强大的。当饥饿不存在的时候，很多痛彻心扉的欢乐也一去不复返了（这里的痛，要作"痛快"来理解）。旧的欢乐走了，要有新的欢乐顶上来。否则，人就被剥夺了幸福的重要源泉。

每个人，要为自己建立起快乐的生长点。这是你在新形势新阶段的新任务。你不能仅仅满足于食物带来的快乐，也不能满足于性本能带来的快乐。那都是动物的本能，虽然不能一笔抹杀，但人毕竟和动物是有重大区别的。

生物的快乐是永远存在的，不过，它们其实是很节制的。比如你的胃，容量就很有限。我曾亲眼在临床上见过因为吃得太多而把胃撑爆裂的病人，极其凄惨。

我本来以为胃是很结实的器官，而且到了满溢的时刻，就不会接纳更多的食物。其实不然。因为一下子涌进了大量食物，胃就丧失了蠕动的功能，停滞在那里，好像一个懈怠了的橡皮口袋。如果事情局限在这个地步，还不是最糟，要命的是吃进去的食物，在体温的作用下开始发酵，产生了大量的气体。这时的胃就膨胀起来，变成了一个气球。

气越来越多，终于把胃给撑炸了。当我们用手术刀打开患者腹部的时候，看到的是满肚子白花花的大米粒。我们把破裂的胃切除了，用大量的生理盐水清理腹腔，把那些完全没有消化的大米粒从肝胆的后面和肠子的表层冲洗下来……手术持续了很长时间，我们多么希望能挽救这个人的生命啊，然而，那些米饭带有大量的病菌，它们污染了洁净的腹腔，让这个人患了极重的败血症，最终逝去。

可见，一个人能吃进肚子的食物，实在是有限度的。

再说说"性"。性的物质基础是性器官。当我学习性器官功能的知识时，接触到一个词，叫作"绝对不应期"。这个医学术语是什么意思呢？

一块活体的肌肉，你用电极棒刺激一下，它就反射性地弹跳一下，对你的刺激发生反应。你提高刺激的频率，它的反射也就增快、增密。但是，这不是可以无限玩下去的游戏。当刺激变得更加频繁的时候，肌肉反倒一动不动了。老师说，这组肌纤维进入了"绝对不应期"，任你如何加大刺激的强度，它就是呆若木鸡、毫无反应。用一句通俗点的话来说，肌肉罢工了！

肌肉什么时候复工呢？不知道。理智无法操纵肌肉的规律，除非它休息好了，自愿上工。不然，除了等待，你是一点法子也没有。

老师说，在人体所有的肌肉组群中，男性生殖器的肌肉和心肌的"绝对不应期"是最长的。为什么，你们知道吗？

学生们回答说，心肌如果没有足够的休息，无论什么刺激来了都反应一番，心脏就乱跳起来，会发生纤维性颤动，人体的发动机就废了。

老师说，回答得很好。那么，生殖器的肌肉为什么也要那么长的休息时间呢？

那时我们都很年轻，实在不知道这个问题如何回答为好，只是面面相觑。

老师说，性可以被用来压抑死亡焦虑。不得不承认，性的诱惑具有某种极为神奇的力量，是一个强大的避风港，在短时间内可以对抗焦虑。在性的魔力之下，人会陶醉其中。不过，因为生殖器官不是单纯为了给人狂喜的器官，它肩负着繁衍后代的责任。这个工作太辛苦了，所以，它就给这个活动包了一个快乐的外衣，如同药丸外面的那层糖皮。你若是为了糖衣而不停地吃药，一定会把你吃坏。所以，生殖器的肌肉就有了显著的"绝对不应期"。

但是，请谨记：性绝不是全部。医学教授谆谆告诫，这显然超过了医学的范畴。他说，年轻人啊，如果你把性当成人生的唯一要务，那么，不但身体不允许，而且在一切如潮水般消退之后，遗留下来的是无比凄凉和无意义的感觉，世界变得庸俗和单一。

我至今不知道这是不是有科学证明的权威说法，但人的生殖系统绝不是贪得无厌的蠢货，这一点我绝对相信。

既然食欲和性欲带给我们的快乐都是有定量的，那我们到哪里去寻找取之不尽、用之不竭的快乐呢？

　　精神领域的探索才是永无止境的，它能提供的快乐也是最高质量的快乐。

学会维持自己的快乐

所有的枷锁都是你自己套上的。

维持喜悦，是一件需要努力的事情，并不是天性使然。

喜悦和悲哀，都是人之情感的一部分。沉浸在悲哀中是很正常、自然的事，如果不是有意识地走出来，人们会深陷悲哀的沼泽中，很久无法自拔。通常，除了时间，我们还需要一个猛醒、一声恫吓，才能从悲伤中振作起来。

喜悦则不是这样，它会像沙漏一样，在不知不觉中渗走，只留下一个回忆的空壳，令人惆怅。要学会维持你的快乐，你就要不断地感恩，不断地将脸朝向有光亮的地方。时间长了，你自然学会了和喜悦相处的诀窍。

我希望你一站出来，就让人能从你身上看到生命的光彩。生命是有光彩的，如果说一朵山野中的小花都有盈手的清香，一段腐木都会污浊不散，那么，我们的生活也可以弥散出味道。

我期望你能让你的生命像暗夜中的米兰和雪中的梅，人们还没有走近，就会被熏染，就会深深地吸一口气，不由自主地感叹这飞来的一段美妙。

卢梭说：人是生而自由的，但却无往不在枷锁之中。

我们平日感觉自由的时候甚少，感觉被枷锁束缚的时间甚多。不过，仔细想想，你还是自由的。所有的枷锁都是你自己套上的。打开枷锁后自由的滋味，有些人从来也没有享受过。他们夸大了枷锁的力量，忽略了自己的主动。只有自己才能化解生命故事中那么多的伤痛和矛盾，让自己日趋圆满。记住，你永远是你的主人。

宇宙不公平吗？不是啊。宇宙只是漠不关心。自己的事儿，要自己做。这是幼儿园就教会我们的道理。

人们之所以看到很多人在讴歌艰难，是因为那多是成功了的人在自言自语。不要喜爱艰难，不要人为地制造艰难。其实，艰难是把大部分人的才华磨损了，把大部分人的意志侵蚀了，把大部分人的幸福耽搁了。我相信，在肥沃的土地上，在充满阳光的空气中，才能生长出更多垂着穗子、丰硕饱满的庄稼。

那么，快乐有什么用呢？

快乐的用处就是——它能使你认识到自己的价值，感受到他人认可了你的成就，你对这个世界是有用的。还有一个附带的可贵用处，就是能让你健康。

幸福和不幸永在

幸福是不嫌贫爱富的，我们至今没有办法确知某一种情况将必然导致幸福，同样，也无法确认某一种情况将必然导致不幸。

我不认为幸福与科学有什么成比例的关系。也就是说，它们分属于两个系统。一个是情感的范畴，属于精神的领域。一个是物质的范畴，属于无生命的领域（这样划分不严谨，对生命科学有点不敬，请原谅。我说的生命指的是变幻万千的活体感觉）。在科学产生之前很久，幸福就存在于我们的感知之中。后来科学出现了，但幸福感并没有出现相应的增长，它们是在两股道上跑的车，虽然有的时候，它们的轨道会发生小小的交叉。

我相信在原始人那里，远在科学的胚胎还裹于子夜的黑暗襁褓之中时，幸福就顽强地莅临刀耕火种的山洞。证据之一就是那个时候的人会快乐地唱歌和跳舞，还创造出玄妙的神话和精美的文字。你不能说在通红的篝火旁手舞足蹈的那些裸体的人，不知道什么是幸福。如果谁硬要这么说，以为只有现代人才知晓和能够享受幸福，因而看不起我们的祖先，那倘若不是出于无知，就是赤裸的现代沙文主义。

在某些物质十分匮乏的时候，它一旦出现，可能会在短暂的时间内引发幸福的感觉。比如，一名男子十分思念热恋中的远方女友，如果在古代，他只有骑上一匹马，在草原上驰骋三天三夜，才能一睹女友的芳颜。当他看到女友眸子的那一瞬，我相信荡漾在他内心的感觉，就是幸福。如今，当同样的思念袭来的时候，他可以买上一张机票，或许两小时之后就能平安见到他的女友，当看到女友眸子的那一瞬，我相信他的幸福感同样强烈和震撼。

我们可以简单地说，飞机是与科学有重要关联的物件。因此，好像科学帮助了幸福。但接下来的问题是，这种幸福感是源于马匹还是飞机？是草原上的风抑或是空中的白云？我想，可能众说纷纭。即便是当事人，也会有不同的答案。会有人说，幸福当然与马匹和飞机有关了。如果没有马匹和飞机，这对相爱的恋人如何聚到一起？从马匹到飞机，这就是科技的进步和力量，科技使幸福的感觉提前出现，并变得比以前要省事、容易。

我不同意这种意见。理由很简单，马匹和飞机只是这个人通往幸福的工具，而非幸福的理由和必然。在那架飞机上有很多乘客，有的人是在例行公事，有的人还可能是奔丧的。幸福和飞机的翅膀无关，只和当事人的心情有关。幸福是一种心灵深处的感觉，在最初的温饱和生殖的快感被解决之后，它主要来源于人的精神体系的满足。

我知道我的观点可能会遭到很多人的质疑。比如有人会说，当你患病的时候，突然有了特效的药品，难道你和你的亲人心中不会浮现出幸福的感觉吗？这死里逃生的光芒难道不是直接源于科学的太阳吗？

我当过很多年的医生，我知道科技的进步对生命的延续是怎样的重要和宝贵。但生命延续的本身，并不一定达至幸福的彼岸。生命只是幸福感得以附丽的温床，生命本身是一个中性的存在。它既可以涂写痛苦，也可以泼洒快乐的一幅白绢。当病人和他的家属为某种特效药喜极而泣的时候，那种幸福的感觉主要源自骨肉间的深情。如果没有这种生死相依的情感，任何药物都无法发动快乐和幸福的过山车。

科学使粮食的产量增高，但这个世界上依然有吃不饱的穷人。既然引发贫困的源头不是科学，那么由贫穷所导致的痛苦也不是科学的创可贴所能抚平的。科学使交通工具的速度更快，人们可以更迅捷地从甲地到乙地。但时间的缩短和幸福的产出，并不呈正相关。君不见，朝夕相处、近在咫尺的夫妻之间，往往并不充溢幸福，而是满怀深仇？科学使人类升上太空，得以了解遥远的宇宙发生的变化。但我看到一位宇航员在回忆录里说，他在太空中最深刻的想念是——回到地球。科学发现了原子能巨大的力量，但核武器的堆积，把人类推到了亘古未有的悬祸之中。科学延长了人们的生命，但如果没有亲情的滋润和生存的尊严，这份延长的时间便与幸福毫不相干。

科学提供了产生幸福的新的机遇，但科学并不导致幸福的必然出现。我看到国外的一份心理学家的报告，说在地铁里以卖唱为生的流浪者和千万富翁对幸福的感知频率与强度，几乎是一样的。当一个人晚饭没有着落的时候，一个好心人给的汉堡就能给他带来幸福的感觉。但千万富翁就丧失了得到这份幸福的缘分。幸福是不嫌贫爱富的，我们至今没有办法确知某一种情况将必然导致幸福，同样，也无法确认某一种情况将必然导致不幸。

妈妈看到婴儿的出生，想来是天大的幸福。但对于一个未婚母亲或是遭夫遗弃的妻子来说，这幸福的强度就可能要打折扣了。生命消失之际按说与幸福不搭界，但我确实听到过一个人在他生命垂危之际，说他——很幸福，这个人就是我的父亲。这是他所给予我的最宝贵的精神财富之一，令我知道即使是走向永恒的消失，人也可以满怀幸福而沉稳。

说到这儿，离科学就有些远了，而是与人性有了更多的链接。科学要发展，人性要完善，幸福和不幸永在。

一个人活得越真实，越容易幸福

世界上最安全的事情，就是真实

真实是我们最后也是最初的底线。

人生没有绝对的安全，但没有人可以威胁真实。

大家都喜欢安全，安全是人仅次于吃饱饭、有衣穿之后的需要。但安全并不是指总在熟悉的环境里高枕无忧，也不是指明明在危险中，却伪造一个安全的幻想，来麻痹自己、得过且过。

世界上最安全的事情，就是真实。因为虚假的安全一旦破裂，就是最大的风险。真实的东西，已经脱去了任何可以虚构的衣衫，只剩下无法后退的裸相。当你感觉非常害怕的时候，其实往往看不到真实的海底。一旦放弃一切幻想，就是绝地反击的时刻了。

真实是我们最后也是最初的底线。你一直把守在这条底线上，牢牢地站在真实的肩膀上，你就没有了后顾之忧。生命的过程变得简单，一味向前就是了。

撒谎比说真话更费脑细胞。在撒谎时，大脑中有七个区域需要活动，但说真话的时候，只有四个区域活动。这一结果，由来自美国天普大学医学院脑功能成像中心的研究证明。

我看到这个实验的时候，不禁兀自微笑了一下。因为，我一直以为撒谎比较轻松呢。不知道有多少人和我的揣测一样，其实大脑的真实感受是要多费几乎一倍的功力呢。我们的大脑在为撒谎服牛马般的苦役，疲惫不堪。看来，就是从经济省力、节约能源的角度出发，我们也应该多说真话啊。

生逢务真求实的年代，所有说假、造假、作假者，都面临险境。

不要总想表现得比实际情况好

大家都更喜欢真实的东西。你真实了，自己安全了，也让他人觉得安全，机遇反而萌生。

当你企图在两个不同的自我之间游走时，你在生活中的形象就变得复杂混乱，你面临的形势也更加琢磨不透，甚至你的身体也无所适从了。

我们总是希图自己表现得比我们实际的情况好一些。

好比我们小的时候，如果有客人要来，我们会被父母要求："你要乖一些啊！"等到客人走了，父母会说："好了，现在你可以放松一下了。"这些都是很平常的话，却在不知不觉中给我们留存了一个印象——你要在某些特殊的场合和人物面前，努力表现得比你的实际状况更好。

什么是更好呢？

就是按照世俗的标准，我们要更聪明、更好学、更勤劳、更大度、更幽默、更有责任感、更勇敢……还可以举出更多的

"更"，总之，是比你本人更完美。

这个主观动机可能并不是太坏。爱美之心，人皆有之嘛！

不过，这就形成了一个习惯。我们把一个不真实的自我呈现在别人面前，并以为这才是可爱的，才是有价值的。而那个真实的自我，则是上不得台面的残次品，是应该被掩藏和遮盖的。

这就是自我形象的分裂。我们不喜欢真实的自我，我们把一个乔装打扮的"假我"拿给大家看。当这个"假我"被人欢迎和夸赞的时候，我们一方面沾沾自喜，觉得自己成功地扮演了一个角色，而这个角色就是别人眼中的"我"；另外一方面，我们的自卑加重了，我们知道外界的评价都是给予那个不存在的"我"的，真实的我反倒像灰姑娘一样，躲在角落里。

长久下去，我们就变成了一个分裂的人。

这种现象，比比皆是。比如我们常常听到女性朋友说："结婚以后，他的真面目暴露出来了，我几乎不敢相信他和结婚前是同一个人。"

也有的领导会说："这个人是我招聘的，当时看他十分勤快，想不到真正走上岗位以后，却非常懒惰，毫无工作的主动性。"

以上这两个例子，最后是以离婚和炒鱿鱼作结。可见，伪装的自我，可以骗人一时，却不能矫饰久远，最后吃亏的还是你。

如果你觉得真实的自我还不够完善，那么最好的方法，是让自己渐渐完善起来，而不是敷衍、遮盖或欺骗。否则，自己很辛苦不说，离完美也越来越远。再有，天下的人都不是傻子，你装得了一时三刻，却没有法子永远生活在一个不属于你的光环之中。一旦被人家识破，你就被减分更多。

我年轻的时候，心其实很累。因为总想表现得比自己真实的状态更好一些，便不由自主地要作假。明明不快乐，怕被人看出，以为是思想问题，就表现出欢天喜地的兴奋。对上级有意见，怕上级对自己看法不良，影响进步，就故意在上级面前格外卖力地工作。其实，那彼此的不融洽，心知肚明。在会议上有不同意见，因为判断出自己是少数，就放弃主见随大流，默不作声……凡此种种自以为是老练的举措，都让我做人辛苦，不胜其烦。

后来，我终于明白了，要以自己的真实面目示人。没有必要取悦他人，没有必要委屈自己。这样做了以后，我本以为机会一定要少很多，抱定了破釜沉舟的决心，只求这一生做一个真实的自我，付出代价也认了；不想，却多了朋友，多了机缘。

思来想去，原来大家都更喜欢真实的东西。你真实了，自己安全了，也让他人觉得安全，机遇反而萌生。从此，我竭力真实。不但自己省力、省心，节省出的能量可以做更多的事情，而且成功的概率也高了起来。

我的五样

人们在清醒地选择之后，明白了自己意志的支点，便像婴儿一般，单纯而明朗地宁静了。

老师出了题目：写下"你生命中最宝贵的五样东西"。我拿着笔，面对一张白纸，周围一下静寂无声。万物好似缩微成超市货架上的物品，平铺直叙摆在那里，等待你挑选。货筐是那样小而致密，世上的林林总总，只可以塞入五样东西。

也许是当过医生的缘故，片刻的斟酌之后，我本能地挥笔写下：空气、水、阳光……

这当然是不错的。你不可能设想在一个没有空气和水的星球上，滋长出如此斑斓多彩的生命。但我很快发现自己陷入了困境——如果继续按照医学的逻辑推下去，马上就该写下心脏和气管，它们也是生命之泵不可或缺的零件。结果呢，我的小筐子立马就装满了，五项指标，额度用尽。想想那答案的雏形将是：我生命中最宝贵的东西——空气、水、阳光、气管、心脏……哈！充满了科普意味。

如此写下去，恐有弊病。测验的功能，是辅导我们分辨出什么是自我生命中最重要的因子，在面临人生的重大选择和丧失时，会比较镇定从容，妥帖地排出轻重缓急。而我的答案，抽象粗放，大而化之，缺乏甄别和实用性。

改弦易辙。我决定在水、空气和阳光三要素之后，写下对我个人更为独特和生死攸关的因子。

于是，第四样——鲜花。

真有些不好意思啊。挂着露滴的鲜花，那样娇弱纤巧，似乎和庄严的题目开了一个玩笑。但我真是如此挚爱它们，觉得它们精妙绝伦，不可或缺。绚烂的有刺的鲜花，象征着生活的美好和无可回避的艰难，愿有一束火红的玫瑰，伴我到天涯。

写下鲜花之后，仅剩一样可挑选的余地了。刹那间，无数声音充斥耳鼓，聒噪地申述着自己的不可替代性，想在最后一分钟，挤进我珍贵的小筐。

偷着觑了一眼同学们的答案，不禁有些惶然。

有人写下："父母"。我顿觉自己的不孝。是啊，对于我的生命来说，父母难道不是极为宝贵的因素吗？且不说没有他们哪来的我，单是一想到他们会先我而去，等待我的是生离死别，永无相见，心就极快地冰冷成坨。

有人写下："孩子"。我惴惴不安，甚至觉得自己负罪在身。那个幼小的生命，与我血脉相连。我怎能在关键的时刻，将他遗漏？

有人写下："爱人"。我便更惭愧了。说真的，我在刚才的抉择过程中，几乎将他忘了。或许因为潜意识里，认为在识得他之前，我的生命就已存许久。我们也曾有约，无论谁先走，剩下的那人都要一如既往地好好活着。既然当初不是同年同月同日生，将来也难得同年同月同日死，彼此已商定不是生命的必需，未进提名，也有几分理由吧？

正不知将手中的孤球抛向何处，老师一句话救了我。她说，这生命中最宝贵的东西，不必从逻辑上思索推敲是否成立，只需是你情感上的真爱即可。

凝神再想。

略一顿挫之后，拟写"电脑"。因为基本上已不用笔写作，电脑便成了我密不可分的工作伴侣。落笔之际我凝思，电脑在此处，并不只是单纯的工具，当是一种象征，代表我挚爱的劳动和神圣的职责。很快又联想到电脑所受制约较多，比如停电或是病毒入侵，都会让我无所依傍。唯有朴素的笔，虽原始简陋，却可朝夕相伴，风雨兼程。

于是洁白的纸上，记下了我生命中最宝贵的五样东西——水、阳光、空气、鲜花和笔（未按笔画为序，排名不分先后）。

同学们嘻嘻笑着，彼此交换答案。一看之后，却都不作声了。我吃惊地发现，每人的物件，气象万千，绝不雷同，有些简直让人瞠目结舌。比如某男士的"足球"，某女士的"巧克力"，我大不以为然。但老师再三提示，不要以自己的观点去衡量他人，于是我不露声色。

接下来，老师说：好吧，每个人在你写下的五样当中，划去相对不那么重要的一样，只剩下四样。

权衡之后，我在五样中的"鲜花"一栏旁边，打了一个小小的"×"字，表示在无奈的选择当中，将最先放弃清丽芬芳的它。

老师走过来看到了，说："不能只在一旁做个小记号，放弃就意味着彻底的割舍。你必得用笔把它全部涂掉。"

依法办了，将笔尖重重刺下。当鲜花被墨笔腰斩的那一刻，顿觉四周惨失颜色，犹如 20 世纪初叶的黑白默片。我拢拢头发咬咬牙，对自己说，与剩下的四样相比，带有奢侈和浪漫情调的鲜花，在重要性上毕竟逊了一筹，舍就舍了吧。虽然花香不再，所幸生命大致完整。

"请在剩下的四样当中，再剔去一样，仅剩三样。"老师的声音很平和，却带有一种不容商榷的断然压力。

我面对自己的纸，犯了难。阳光、水、空气和笔……删掉哪样好？思忖片刻，提笔把"水"划去了。从医学知识上讲，没有了空气，人只能苟延残喘几分钟；没有了水，在若干小时内尚可坚持。两害相权取其轻吧。

也许女人真是水做的骨肉，"水"一被勾销，立觉喉咙苦涩，舌头肿痛，心也随之焦躁成灰，人好似成了金字塔里的木乃伊。

我已经约略猜到了老师的程序，便有隐隐的痛楚弥漫开来。不断丧失的恐惧，化作乌云大兵压境。痛苦的抉择似一条苦难巷道，弯弯曲曲伸向远方。

果然，老师说，继续划去一样，只剩两样。

这时教室内变得很寂静，好似荒凉的墓冢。每个人都在冥思苦想、举棋不定。我已顾不得探查他人的答案，面对着自己人生的白纸，愁肠百结。

笔、阳光、空气……何去何从？

闭起眼睛一跺脚，我把"空气"划去了。

刹那间好像有一双阴冷的鹰爪，丝丝入扣地扼住我的咽喉。我手指发麻，眼冒金星，心擂如鼓，气息屏窒……

我曾在海拔五千多米的冰山上攀援绝壁，缺氧的滋味撕心裂肺。无论谁隔绝了空气，生命便飘然而逝。一切只能成为哲学意义上的讨论。

"好了，现在再划去一样，只剩下最后一样。"老师的音调很温和，但执着坚定，充满决绝。对已是万般无奈之中的我们，此语一出，不啻惊雷。

教室内已经有轻轻的哭泣声。人啊，面临丧失，多么软弱苦楚。即使只是一种模拟，已使人肝肠寸断。

笔和阳光。它们在纸上势不两立地注视着我，陷我于深重的两难。

留下阳光吧——心灵深处在反复呼唤。妩媚温暖，明亮洁净，天地一派光明。玫瑰花会重新开放，空气和水将濡养而出，百禽鸣唱，欢歌笑语。曾经失去的一切，都会在不知不觉中悄然归来。纵使除了阳光什么也没有，也可以在沙滩上直直地卧晒太阳啊。

想到这里，心的每一个角落，都金光灿灿起来。

只是，我在哪里？在干什么？

我看到自己孤独的身影，在海边寂寞的椰子树下拉长缩短，百无聊赖，孤独地看日出日落，听潮涨潮落。

那生命的存在，于我还有怎样的意义？！我执着地扬起头来问天。

天无语。

自问至此，水落石出。我缓慢而稳定地拿起笔，将纸上的"阳光"划掉了。

偌大一张纸，在反复勾勒的斑驳墨迹中，只残存下来一个固守的字——笔。

这种充满痛苦和抉择的测验，像一个渐渐缩窄的闸孔，将激越的水流凝聚成最后的能量，冲刷着我们纷繁的取向。当那通道变得一夫当关、万夫莫开之时，生命的重中之重，就简洁而挺拔地凸立了。

感谢这一过程，让我清晰地得知什么是我生命中的真爱——就是我手中的这支笔啊。它噗噗跳动着，击打着我的掌心，犹如我的另一颗心脏，推动我的一腔热血、四肢百骸。

突然发现周围万籁无声。

人们在清醒地选择之后，明白了自己意志的支点，便像婴儿一般，单纯而明朗地宁静了。

我细心地收起这张白纸，一如珍藏一张既定的船票。知道了航向和终点，剩下的就是帆起桨落、战胜风暴的努力了。

诚实让灵魂安宁

你要努力找到这样的人，和他们成为朋友。你更要努力成为这样的人，这会使你快乐安然。

为自己设立一些纲领，永不违反，比如不骄傲，比如不偷情，比如不说谎，比如孝敬父母和师长，比如忠诚于友谊，比如……这不是为了别人好，只是为了自己好。

世界上做人的道理，其实很简单，最重要的部分，归纳起来不会超过十条。我们在幼儿园的时候，基本上都学过了。很多人以为它们朴素单纯，就看不起这些道理，甚至把违背这些道理当作成熟和长大的标志。在某个狭窄的时间段里，这些"天条"显不出它们的力量，你会看到说假话的人比说实话的人多了机会；你会看到偷情的人吃香的喝辣的，好不惬意；你会看到有人干了坏事，并没有受到惩罚，反倒优哉游哉……你会怀疑这些规矩，觉得它们已经过时。

其实，它们是人生浓缩的精华，它的正确性也许在短时间内还不够显著，但如果把人的一生浓缩到一天，你就会发现它们几乎是颠扑不破的真理。你不说谎，一辈子要节省多少脑细胞的劳损啊！你不偷情，一辈子能多享受多少坦荡自足的快乐啊！你诚实，会收到无数信任，它是无价之宝——机会也就在这种信任中萌生。

我参加过一个小规模的学习班，其中有一个活动是让大家写出自己最欣赏的品质，结果几乎所有的人都说自己欣赏诚实。接下来的另一个自我测查是写出你具有的三个优点，过了一会儿，大家都写完了，指导老师让大家依次念出来。

结果是人人都欣赏诚实、喜爱诚实，但在谈到自己所具有的优点的时候，被提及最多的是善良、负责、有爱心，还有富于创新、吃苦耐劳、有团队精神等，几乎没有人提到诚实。可见，诚实是一种多么受人尊敬又多么稀缺的品质。拥有这种品质的人，放射着光芒，这是一种温暖的人性的光芒。你要努力找到这样的人，和他们成为朋友。你更要努力成为这样的人，这会使你快乐安然。

大家都知道，当一种东西比较稀缺的时候，它的价格就会升高，"物以稀为贵"嘛！所以，不要以为诚实的人就没有好运气，当诚实越来越成为罕见的品质之时，你拥有了它，就拥有了一种凝聚力。它会像磁石一样，把很多机会吸引到你附近。

诚实使人轻松。诚实的人比欺诈的人更放松，因此就更有智慧。诚实的人没有羁绊，也不设防。他们无须借助更多的辞令、表情包括身世等来包装和解释自己。诚实的人把真话像石头那样甩出去，自己反倒轻松了。

当然，我们不能这么功利地看待诚实，我只是说，人类生存的法则是公平的，它不会让那些阴险狡诈的人长久得利。否则，人类这个物种终究就没有希望了，就注定要灭亡了。所以，诚实是有力量的。不要看不起一时的诚实带给我们的寂寞和辛苦，它会让我们的灵魂安宁，这才是诚实最宝贵的地方。

流露你的真表情

有一句话叫作"笑比哭好"，我常常怀疑它。笑和哭都是人类的正常情绪反应。谁能说黛玉临终时的笑比哭好呢？

学医的时候，老师问过一道题："人和动物在解剖形态上的最大区别是什么？"

学生们争先恐后地发言，都想由自己说出那个正确的答案。这看起来并不是个很难的问题。

有人说："是站立行走。"老师说："不对。大猩猩也是可以站立的。"

有人说："是懂得用火。"老师不悦道："我问的是生理上的区别，并不是进化上的。"

更有同学答："是劳动创造了人。"老师说："你在社会学上也许可以得满分，但请听清我的问题。"

满室寂然。

老师见我们迷茫不悟，自答道："记住，是表情啊。地球上没有任何一种生物有人类这样丰富的表情肌。比如笑吧，人类的近亲猴子勉强算作会笑，但只能做出龇牙咧嘴一种表情。只有人类，才可以调动面部的所有肌群，调整出不同的笑容，比如微笑，比如嘲笑，比如冷笑，比如狂笑，以表达自身复杂的情感。"我在惊讶中记住了老师的话，以为它是至理名言。

近些年来，我开始怀疑老师教了我一条谬误。

在飞机起飞之前，每次都有空姐为我们演示一遍空中遭遇紧急情形时使用氧气面罩的操作。我乘坐飞机凡数十次，每一次都凝神细察，但从未看清过具体步骤。有时候，空姐满面笑容地站立在前舱，脸上很真诚，手上却很敷衍，好像在做一种太极功夫，点到为止，全然顾及不到这种急救措施对乘客是怎样的性命攸关。我分明看到了她们脸上悬挂的笑容和冷淡的心的分离，生出一种被愚弄的感觉。

我有一位相识许久的女友，原是个敢爱敢恨、敢涕泪滂沱、敢笑逐颜开的性情中人。几年不见，不知在哪里读了淑女规范言行的著作，同我谈话的时候身子恹恹地欠着，双膝款款地屈着，嘴角勾勒成一个精致的角度。粗一看，你以为她时时在微笑，细一看，你就捉摸不透她的真表情，心里不禁有些发毛。你若在背后叫她，她不会立刻回了脸来看你，而会端端地将身体转过来，从容地瞄着你，说"骤然回头会使脖子上的肌肤提前衰老"。

她是那样吝啬使用她的表情，虽然她给了你一个温馨的外表，却没有丝毫的温度。我看着她，不由得想起儿时戴的大头娃娃面具。

　　我遇到过一位哭哭啼啼的饭店服务员，她说自己一切都按店方的要求去办，不想却被客人责难。那客人匆忙之中丢失了公文包，要她帮助寻找。客人焦急地述说着，她耐心地倾听着，正思谋着如何帮忙，客人竟勃然大怒了，吼着说："我急得火烧火燎，你竟然还在笑。你是在嘲笑我吗？"

　　"我那一刻绝对没有笑。"服务员指天咒地地对我说。

　　看她的眼神，我相信她说的是真话。

　　"那么，你当时做了怎样一个表情呢？"我问，恍恍惚惚探到了一点头绪。

　　"喏，我就是这样的……"她侧过脸，把那刻的表情模拟给我。

　　那是一个职业女性训练有素的程式化的表情，眉梢扬着，嘴角翘着……

　　无论我多么同情她，我还是要说，这是一张空洞漠然的笑脸。

　　服务员的脸已经被长期的工作塑造成她自己也不能控制的模样。

　　表情肌不再表达人类的感情了，或者说它们只表达一种感情，那就是微笑。

我们在生活中曾经排斥微笑，对那个时代我们已经做了结论。于是我们呼吁微笑、引进微笑、培育微笑，微笑就泛滥起来。荧屏上著名和不著名的男女主持人无时无刻不在微笑，以至于人们不得不产生疑问——我们的生活中真有那么多值得微笑的事情吗？

微笑变得越来越商业化了。他对你微笑，并不表明他心存善意，微笑只是金钱的等价物。他对你微笑，并不表明他诚恳，微笑只是恶战的前奏。他对你微笑，并不说明他想帮助你，微笑只是一种谋略。他对你微笑，并不证明他对你友善，微笑只是麻痹你的一重帐幕……

这样的事太多之后，让人竟对微笑的本质怀疑起来。

经过亿万年的进化，我们的身体本身就成了一本书。

人的眉毛为什么要如此飞扬，轻松地直抵鬓角？那是因为此刻是鏖战的间隙，我们不必紧皱眉头思考，精神得以豁然舒展。

人的上眼睑肌为什么要如此松弛，使眼裂缩小，眼神迷离，目光不再聚焦？那是因为面对朋友，可以放松警惕、敞开心扉，放松自己紧张的神经，不必目光炯炯。

人的口角为什么上挑，不再抿成森然一线？那是因为随时准备开启双唇，倾吐热情的话语，饮下甘甜的琼浆。

因为快乐和友情，从猿到人，演变出了美妙动人的微笑，这是人类无与伦比的财富。笑容像一个模型，把我们脸上的肌肉像羊群一般驯化了，让它们按照微笑的规则排列，随时以备我们心情的调遣。

　　假若我们不服从心情的安排，只有表情肌机械的动作，那无异于噩梦中抽筋，除了遗留久久的酸痛，与快乐是毫无关联的。

　　记得小时候读过大文豪雨果的《笑面人》，一个苦孩子被施了刑罚，脸被固定成狂笑的模样。他痛苦不堪，因为他的任何表情，都只能使脸上狂笑的表情更为惨烈。

　　无时无刻不在笑——这是一种刑罚，它使"笑"这种人类最美丽、最优美的表情，蜕化为一种酷刑。

　　现代自然没有这种刑罚了。但如果不表达自己的心愿，只是一味地微笑，微笑像画皮一样黏附在我们的脸庞上，像破旧的门帘沉重地垂着，完全失去了真诚善良的原始含义，那岂不是人类进化的大退步、大哀痛。

　　人类的表情肌除了表达笑容，还用以表达愤怒、悲哀、思索、惆怅以至绝望。它就像天空中的七色彩虹，相辅相成，所有的表情都是完整的人生所必需的，是生命的元素。

　　我们既然具备了流泪的本能，哀伤的时候就该听凭那些满含盐分的浊水淌出体外。血脉偾张、目眦俱裂，不论是为红颜还是功名，这未必不是人生的大境界。额头没有一丝皱纹的美人，只怕血管里流动的都是冰。表情是心情的档案，如果永远只有空白，谁还愿把最重要的记录留在上面？

当然，我绝不是主张人人横眉冷对。经过漫长的隧道，我们终于笑起来了，这是一个大进步，但笑也是分阶段的，也是有层次的。空洞而浅薄的笑如同盲目的恨和无缘无故的悲哀，都是情感的赝品。

有一句话叫作"笑比哭好"，我常常怀疑它。笑和哭都是人类的正常情绪反应。谁能说黛玉临终时的笑比哭好呢？

痛则大悲，喜则大笑，只要是从心底流出的对世界的真情感，都是生命之壁的摩崖石刻，经得起岁月风雨的打磨，值得我们久久珍爱。

感动是一种能力

珍惜我们的感动，就是珍惜生命的零件。在感动中我们耳濡目染，不由自主地逼近那些曾经感动我们的灵魂。

"感动"在词典上的意思是"思想感情受外界事物的影响而激动，引得同情或向慕"。我虽然对这本词典抱有崇高的敬意，但依然认为这种说法不够精准，甚至有点词不达意。难道感动如此狭窄，只能将我们引向同情或是向慕的小道吗？这对"感动"来说，似乎不全面、不公平吧？感动比这要丰饶得多、辽阔得多、深邃得多啊。

"感动"最望文生义、最平直的解释就是——感情动起来了。你的眼睛会蒸腾出温热的霞光，你的听觉会察觉远古的微响，你的内心像有一只毛茸茸的小松鼠越过，它纤细而奔跑的影子惊扰你思维的树叶久久还在曳动。你的手会不由自主地出汗，好像无意中拣到了天堂的房卡，你的足弓会轻轻地弹起，似乎想如赤脚的祖先一般迅跑在高原上……

感动的来源是我们的感官，眼耳鼻舌加上触觉和压觉。如果封闭了我们的感官，就杀戮了感动的根，当然我们也就看不到感动的芽和感动的果了。感官是一群懒惰的小精灵，同样的事物经历得多了，感官就麻痹松懈了。现代社会五光十色、瞬息万变，感官更像被塞进太多脂肪的孩子，变得厌食和疲沓。如今，人们渐渐丧失了感动的能力，感动闪现的瞬间越来越短，感动扩散的涟漪越来越淡。因为稀缺，感动变成了奢侈品。很多人无法享受感动力，于是他们反过来讥讽感动，嘲笑感动，把感动和理性对立起来，将感动打入盲目和幼稚的泥沼之中。

感动是一种幸福。在物欲横流的尘垢中，顽强闪现着钻石的瑰彩。当我们为古树下的一株小草决不自惭形秽而是昂首挺胸成长而感动的时刻，其实我们想到的是人的尊严。

我上小学的时候，在一次考试中，得到了有生以来最差的分数。万念俱灰之时，我看到一只蜘蛛锲而不舍地在织补它残破的网。它已经失败了三次，一次是因为风，一次是因为比它的网要凶猛百倍的鸟，第三次是因为我恶作剧的手。蜘蛛把它的破坏者感动了，风改了道，鸟儿不再飞过，我把百无聊赖的手握成了拳。我知道自己可以如同它那样，用努力和坚韧弥补天灾人祸，重新纺出梦想。我也曾在藏北雪原仰望浩渺星空而泪流满面，一种博大的感动类似天毯，自九天而下裹挟全身。银河如此浩瀚，在我浅淡生命之前的无数年代，它们就已存在，在我生命之后的无数年代中，它们也依然存在。那么，我的存在又有什么意义呢？在这个惶然的瞬间，我被存在而感动，决心要对得起这稍纵即逝的生命。

我喜欢常常感动的女人，不论那感动我们的起因是一瓣花还是一滴水，是一个旋动的笑颜还是一缕苍老的白发，是一本举足轻重的证书还是只言片语的旧笺……引发感动的导火索，也许不胜枚举，可以有形，也可以是无所不在的氛围和若隐若现的天籁。感动可以骑着任何颜色的羽毛，在清晨或是深夜，不打招呼就进入了心灵的客厅，在那里和我们的灵魂倾谈。

珍惜我们的感动，就是珍惜生命的零件。在感动中我们耳濡目染，不由自主地逼近那些曾经感动我们的灵魂。也许有一天，我们也在无意间成了感动的小小源头，淙淙地流向另一双渴望感动的眼眸。

坦言：心灵的力量

如果你反对，你就旗帜鲜明。如果你热爱，你就如火如荼。如果你坚持，你就矢志不渝。如果你选择，你就当机立断。

我在报上看到两个年轻人的故事。他们非常聪明，是很好的朋友，都有硕士学位，并且在证券业有骄人的成就。其中一个还获得过全国证券交易排行榜的第五名。

他们可谓少年得志，也有辉煌的前景。受一位朋友的引荐，他们双双接受一家公司的委托，成为国债交易的操盘手。应该说，他们工作很努力，三个月后，他们已经为公司净赚了二百万元。但是，公司一直未与他们签订劳务合同，在提成方面也没有一个明确的分配。他们内心不平衡，甲就对乙说，咱们给公司赚了那么多，他们对我们也没有个交代，我们找个时间把国债做一下，给公司施加一点压力。

两个人策划之后，一个自以为得计的阴谋形成了。最后给公司造成了四百万元的损失。

现在，这两位曾经才华横溢、前程远大的青年，在铁窗内度着生涯。他们的一生将因此笼罩在巨大的阴影中。在牢狱中，他们叹息自己不懂法律，付出了惨痛的代价。也许法学家或金融家能从这一案例中分析出各种经验教训，在我看来，还有一个极为重要的方面不应忽视。

这一重大案件的起因，就是甲和乙的心理不平衡。他们还不够有经验，在与公司合作伊始，未把劳务合同和奖惩条例签好，这是他们的一个失误。有了失误可以挽回，他们本可以向公司方面坦陈自己的意见，来个亡羊补牢。可是，他们似乎根本就没有朝这个正确的方向努力，而是一步就迈向了法律的边缘，开始了犯罪的谋划。

我们常常听到这样的故事。一对年轻人，彼此都很有好感，可是谁都没有勇气表白自己的内心。于是经过无数的旁敲侧击，无数的委屈误会，无数的试探和揣摩，窗户纸始终不能被捅破。结果呢，清高占了上风，谁都等着对方说第一句话，最后不了了之。经历漫长岁月后，他们都已人到暮年，再次重逢坦露心迹，才知彼此的家庭都不幸福，后悔当年的迟疑。但现实是残酷的，逝去的青春不可能改写，只能留存永远的遗憾。

回想我们的经历，真是有太多时候，我们没有勇气将自己的真实想法和盘端出。我们一厢情愿期待着事件按照我们的想象向前发展。可惜这样的机遇总是十分稀少，不如意者十常八九。一旦失望，我们要么是退避躲让，要么是走向极端，却忘了一条最直接、最简单的捷径，那就是——坦言。

其实那两位年轻的操盘手，如果在走马上任三个月后，认为没有得到相应的待遇，心中愤愤，就可以直截了当地提出意见，争取自己的利益；如果公司方面的答复不如意，也可以用更坚决、更理智的方法争取合法权益。可惜啊，他们舍近求远，他们弃易取难，甚至不惜用犯罪这样极端的手段来达到一个原本正当的目的。

世上有多少痛苦和支离破碎，源于双方的故弄玄虚？世上有多少悲剧，源于误解和朦胧？世上有多少罪恶，源于隔膜和延宕？世上有多少流血和战争，源于彼此的关闭和封锁？

坦言的"坦"字，在字典里的含义是"平"。把自己想表达的意见，一马平川地说出来，不遮掩，不隐藏，不埋设地雷，不挖掘壕沟，不云山雾罩，也不"神龙见首不见尾"……清晰明白，心平气和，这是做人的基本功之一。

"坦言"常常被误认为是缺少城府、涉世不深，其实这是一个天大的误会。在素以严谨著称的外交谈判中，坦率也是一个使用频率极高的词汇。越是面对分歧和隔阂，越需要开诚布公的坦言。

有人以为"坦言"是一个技术性的问题，以为掌握了若干讲话的小诀窍，就可以游刃有余。其实"坦言"的基础是一个心理素养的问题。

你先要是一个襟怀坦荡敢于负责的人。它不是阿谀奉承的话，也不是人云亦云的话，它是你自我思考的结晶，它将透露你的真实想法，它所包含的信息和观点，是你人格的体现。如果你畏葸求全，唯马首是瞻，那么，你无法坦言。

坦言说起来容易，真正做起来，那过程往往令人不安和焦灼。它可能是一个集会或课堂的公开发言，也可能是和你的上司或师长的对谈，可能是面对心仪异性的首次表白，也可能是我们因自己的过失而做出的道歉和忏悔……总之，坦言是一次精神和语言的冒险，其中蕴含着情感的未知和不可预测的反应。

然而，尽管困难重重，我们还是需要坦言。坦言是一种勇敢，你面对着世界，发出了独属于你的声音。坦言是一种敢作敢当的尝试，你们既不是权贵的传声筒，也不是旁人的回音壁。无论你的声音多么微弱和幼稚，那都属于你的喉咙，它彰显了你的独立和思索。

有人以为坦言是不安全的，藏藏掖掖才老练。我要说，往往你以为最不保险的地方才是最安全的。社会节奏如此之快，你吞吞吐吐，别人怎能知晓你繁复的内心活动？如果在缓慢的农耕社会，人们还可以容忍抽丝剥茧的离题万里，那么在现代，坦言简直就是人生的必修课了。

有人以为坦言仅仅是嘴皮子上的功夫，其实不然。有人之所以无法坦言，是因为他不知道自己究竟需要坚守怎样的观点。坦言建筑在对自己和对社会的深切了解之上。如果你反对，你就旗帜鲜明。如果你热爱，你就如火如荼。如果你坚持，你就矢志不渝。如果你选择，你就当机立断。

年轻人有一个容易犯的毛病，就是假装深沉。这个责任不在青年，而在我们民族的约定俗成中——不恰当地推崇少年老成。年轻的特点就是反应机敏、头脑灵活、快人快语。如果强作拖沓徐缓之状，那是对青春活力的不敬。说话不在缓急，而在其中是否蕴含真情，富有真知灼见。如果一个老年人言之无物，看在他体弱健忘的份上，人们还能有几分谅解，年轻人的故作深沉，只能让人生出悲哀。老年人对于新生事物，难免倦怠，但一个年轻人违背天性、欲盖弥彰，那简直就是"逃避"和"无能"的同义词了。

坦言的核心是自信，是尊重自己也尊重他人。因为你值得我信任，所以我对你说真话。你可以拒绝我的意见，但不要轻视我的热情。我信任我自己是有价值的，因此我能够直率地面对这个世界。

学会坦言，会对人的一生产生重大的影响。我看过很多应聘成功的例子，那骨子里很多是面对权威的坦言。坦言常常更快地显露你的人品和才华，显露你应变的能力和潜藏的能量。坦言是现代社会人际互动中极富建设性的策略，是一种建立良好情感环境的强大助力。

你可能在开始尝试坦言的时候，常易紧张和失态，如同一只刚刚出壳的小鸡，感动湿漉漉的寒冷。但是，你一定要坚持下去，你一定会渐渐地熟练。坦言之后，即使被心爱的异性拒绝，也比潜藏着愿望追悔一生要好。即使得罪了昏庸的上级，也比唯唯诺诺丧失了人格要好。因为坦言，我们把自己的弱点暴露在光天化日之下，就更有了改正和提升的动力。因为坦言，我们会结识更多肝胆相照的朋友，会获得更多打磨历练的机会。

珍惜坦言。那是一种心灵力量的体现，我们的意志在坦言中得到锤打，变得坚强。我们的勇气在坦言中增强，变得坚定。我们的爱在坦言中经受风雨，变成养料。我们的友谊在坦言中纯粹，变得醇厚。

坦言会让我们失去面纱，得到赤裸裸的真实。世上有很多人是经受不起坦言的，一如雪人不能和春风会面。但是，这正说明了坦言的宝贵。从年轻就学会坦言，那就等于你获得了一棵益寿延年的心理灵芝。你可以在有限的时间内，得到更多行动和交流的自由。

你远比自己想象中强大

只有一条出路的局面，我从未碰到过

当一个人没有办法提高自身能力的时候，可以提高选择的幅度。

当一个人没有办法提高自身能力的时候，可以提高选择的幅度。

常常有人问我："我遇到了如此困窘的局面，你有什么法子能让我所处的环境有所改变呢？"

通常我会说："我没有法子改变你所处的环境。"

对方通常会说："那我怎么办呢？"

我就回答："你可以改变你的选择啊。"

人们常常以为天地很窄，选择的幅度很小，其实不然。

社会发展到今天，已经为我们提供了越来越多的选择空间。

你要善用这个资源。比如你觉得婚姻不理想，如果是一百年前，你只能选择隐忍维持或私奔。现在呢，你可以选择拯救这段婚姻，或毅然放弃，重新争取幸福。

假如最终对婚姻丧失信心，你也可以选择独身。

你看，选择的幅度是不是宽广了一些？

世上只有一条路，这一条路上又是"一夫当关万夫莫开"的局面，也许有，但我从来没有碰到过。世上的路基本上都还是能探索出几条小径，以供甄选的。

机遇是心灵的阅兵

机遇的降临，看起来好像取决于那个执掌机遇的人，领受者不过是被动地承接，其实不然。

在各行各业取得成功的人们，在拥有才情之外一定还拥有强大的心灵。成功所比试的不仅仅是才能，更重要的是韧性。即使没有公认的成功，也要有品尝幸福的能力，这就更取决于心灵的健全，而不仅仅是才能的显赫了。

才能这个东西，比较有办法弥补。只要不是那些需要才思铺天盖地、喷如泉涌的事业，就可以用外力加以补充。大家都知道"勤能补拙"的道理，都知道"笨鸟先飞"的故事，都记得"磨刀不误砍柴工"的诀窍，都会说"百分之一的才能，百分之九十九的汗水"之类的格言，这些都是补偿之法。

不过，世上的成功，依靠的除了才能，还有机遇。有人以为机遇是一种看不见摸不着的小概率事件，基本上和被闪电劈着的概率差不多，这是误解。

机遇的降临，看起来好像取决于那个执掌机遇的人，领受者不过是被动地承接，其实不然。我们常常听到一个人不是为了名利而帮助别人，却不料那个被帮助的人将一个绝好的机会赐予了帮助者。我们在羡慕该人轻而易举获得好运的时候，多半忘了他也许曾经这样帮助过很多人，绝大多数帮助都无声无息地湮灭了，只有这一次金光灼灼。

　　有的人会不遗余力地学习各种知识。这些知识，分散开来，都是普通的学问和技能，无甚出奇。但是当它们集中到一个人身上的时候，就显出了某种非同凡响的优势。

　　我认识一个小伙子，他学习了驾驶，学习了烹调，学习了英语，学习了会计，最后还学习了擒拿格斗。怎么样？分门别类地看，都很平凡吧？可你想一想，一个会计，还会武功，英语熟练，开车又稳当，还做得一手好饭……他找到一个给某成功人士当贴身秘书的好工作，是不是一件顺理成章的事？

　　机遇其实是对人的心理素质的一次大阅兵。

　　你能不能抱定了前进的目标，持之以恒，在看不到希望的时候，不气馁、不逃避，依然顽强地努力，乐观地积攒自己的力量和本领？

　　如果你真的做到了这些，机遇降临的概率就越来越大了。

你要学着自己强大

强大的原意指的就是一个卑微如虫的生命，只要将精神弘扬出来，它就有力量。只要你是一个人，天然就强大。

小时候学古诗，杜甫的这几句我背得熟。"挽弓当挽强，用箭当用长。射人先射马，擒贼先擒王。"主要它像童谣，简直是句顺口溜。

问过大人，"挽强"是什么意思。大人说，强就是指弓很硬，拉这种弓要用大力气，好处是射得远。从此把"强"和弓联系起来，再说，谁让这个强字的偏旁部首就是个"弓"呢？更是和弓箭逃不脱干系了。

渐渐年长，我才知这个"强"字的根源，它和弓箭并没有丝毫相关，那答案真是匪夷所思，本意居然说的是一条虫。这要从"强"的繁体"強"说起，它原本的模样是在"弘扬"的"弘"字右下角嵌进了个"虫"字组成。改成简体字的时候，将"弘"的右半边改成了一个"口"。它原本是什么意思呢？"虫"指代的是单一的卑微生命。不过若这小虫把体内的精神弘扬出来，就构成了坚强雄厚的力量。

这个字里蕴含的能量，让人心意难平。"强"字像个微电影，描绘了一条卑弱小虫的奋斗史。

再来说说这个"大"字。

有一些字，因为太熟稔，我们念起它们的时候，就像嘴巴接触了牙膏，虽知是异物，却难得留心思谋它的深意。"大"是什么意思呢？就是范围广、高度高、体积阔吧？估计大多数人都会同意这个解释。

"大"的本意，其实和范围、高度什么的毫无关系，就是非常单纯地独指一个人。

汉字是象形字，在甲骨文里，这个"大"字伸胳膊撂腿，就是一个人的体态临摹。战国之后"大行其道"的金文中，"大"也是笔触鲜明、四肢俱全的人形。与甲骨文笔道细弱的"大"字相比，金文的"大"字粗肥猛壮，把人的形象镌刻得更雄硕伟岸。

等到了小篆和现代文字出现，这个"大"字就和人的形状渐行渐远，一时让人想不起命名它时的初心。

"强大"是把"强"和"大"组成的一个铿锵有力的词。你看到它，不由得会挺起胸膛浑身充满能量。但倘若问某人，你觉得自己强大吗？大多数都会说，我还不够强大，我希望自己有一天会强大起来。

然而，错了。我们每个人，本身就是强大的。强大的原意指的就是一个卑微如虫的生命，只要将精神弘扬出来，它就有力量。只要你是一个人，天然就强大。

爱因斯坦说过："由百折不挠的信念所支持的人的意志，比那些似乎是无敌的物质力量具有更强大的威力。"

我们孜孜以求的强大，以为远在天边的强大，以为要靠什么人赐予或襄助才能达到的境界，其实原驻在自己身上。

一个再弱小的人，也比一条虫子要有力量。

所以，强大并不难，难的是我们不自知自己的强大。这真是天下第一大悲剧。我们四处寻找的东西，我们以为自己一生也不可能具备的东西，其实从未须臾离开过我们。

我们要学习的不是如何让自己强大起来，而是让自己原本就具有的强大，拂去尘埃，闪闪发光，铮铮作响。

毛笔就在我们手里，墨汁瓶盖已经打开。如果你的时间足够多，慢慢研磨墨汁也是极好。总之万事俱备，只等我们用自己的心和手，书写人生的美丽篇章。

我们有很多瑕疵，但只要内心坚定，我们就依然强大。我们可以修补自己的瑕疵，也可以携带着瑕疵前进。这个世界上没有瑕疵的人根本没有出生。

我们有很多不完善，但只要宽容待人待己，我们就依然强大。完善可以不懈追求，但不必形成坚硬桎梏。世上的事情就像吃饭，八分饱即完美。处处尽善尽美，就是一种无言的慢性自杀。

我们常常受伤，伤痕累累。不过，听说只有一生都圈养在棉花堡中的牲畜，才不会受伤，它们的皮毛留待制成贵人的衣裳。我们要和命运厮杀，哪里能不受伤？受伤不是羞辱，而是勋章。强大的人也会受伤，只不过修复的能力比较强，速度比较快，能够在更短的时间内重上战场。

据说每个人每天都会和自己进行 5000 次对话，其中大多数话语都是在否定自己。比如说：我很差，我无力，我不行，我要等等看，哦，算了……这一切的根源，都是我们认定自己不强大。

"你生而有翼，为何竟愿一生匍匐前进，形如虫蚁？"这是贾拉尔·阿德丁·鲁米的诗，每当读起，我都心生痛楚地觉醒。

希望从今天开始，我们第 5001 次对自己说的话是——我已学会自己强大。

放弃并不等于失败

随着年龄的增长，我们的生命越来越由我们的选择来塑造。你活得越久，你的选择就越多，你越要小心地做出决定。

放弃争夺，并不是拱手让别人赢，只是舍去和远离。我不和你们赛跑，并不表示自己失败，只是说明我们没有开始比赛。

人生似乎离不开比赛，但其实，人生根本就不是比赛。你和谁都不需要比。如果一定要找到对手，那就是死亡，但结局已经注定，所以，这也不是比赛，只是过程。承认了在某些问题上无能为力，你反而可以把更多的力量投入真正可以取得成效的领域。

我年轻的时候，常常羞于说出自己已黔驴技穷。我总想挣扎，总以为凭着自己不懈的努力，可以扭转乾坤。现在，我这样坚持的时候越来越少了。我常常退却，我知道一己微弱，有时要暂时偃旗息鼓。但我不会放弃，不过是换了另外一种节奏的步伐。

放弃并不等于失败，因为你没有参加比赛，所以那个结果与你无关。但放弃也不等于成功，因为你缺席了，结果是躲避和退让。如果是一次，可以算作一个策略；如果常常如此，你实际上就放弃了多彩的人生。

　　人一生，不能不放弃。一次都不放弃的人生，是不现实的。起码，你最后一次要放弃生命，你不想放弃也不行，有自然规律管着呢。在这之前，你还曾放弃过青春，放弃过健康，也可能放弃过理想，放弃过亲人……

　　不管你喜欢还是不喜欢，你必须放弃。放弃是个强有力的席卷者，最后会将我们拥有的一切都打包带走。所以，学会同放弃和平共处吧。你越早学会，越受益无穷。因为放弃不是失败，只是一个阶段。随着年龄的增长，我们的生命越来越由我们的选择来塑造。你活得越久，你的选择就越多，你越要小心地做出决定。但是，也不可事事都放弃，你不能总是这样。那是懦夫和懒汉的哲学。

喜欢电脑键盘上的回车键

只有远大的目标才能带给人超拔于一己生命的庄严感，而这种感觉，是精神的维生素。

不要和任何人赌气。不要和男人赌气，不要和看不起你的人赌气，不要和上天赌气。有的时候，你什么都没做错，只是不能如意，那就把它放下，轻轻地，不再回头。

我喜欢电脑键盘上的回车键。另起一行。

人生中有很多时候，这个句子写不完了，就停笔吧。放下不是失败，只是新的一行开头。

我年轻的时候，很喜欢赌气。赌气这个东西，有的时候，会激发一个人的斗志。你说我不行，我偏要做出个样子给你看。很多人在成功之后，会貌似宽宏大量地说，我要感谢某某，当初如果不是他小看我、开除我、藐视我，我就不会有今天。

我相信这些话都发自肺腑，我也相信这份垃圾燃烧起的火焰，会成为初始的推动力。但是，后来呢？

人一定要有后来。垃圾可以点燃一座小窑，烧几块砖头，却不能推动航天飞机直上苍穹。后来的后来，一定要与远大而神圣的目标相连，这样就会提供源源不断的方向感，就会调动起不竭的动力。

也许有人会说，我一听什么大目标就心烦。我就不相信没有大目标，人就没法活。我愿意整天纸醉金迷、得过且过，你能奈我何？

我觉得如果你认定要那样走过你的一生，别人一点法子也没有。这当然是你的自由。只是无数人的历史证明了这一点：只有远大的目标才能带给人超拔于一己生命的庄严感，而这种感觉，是精神的维生素。

也许有人要说，那你能拿出物质证据来吗？比如一个人有远大的目标，另一个人没有远大的目标，把两个人的血液抽出来化验一下，有什么区别吗？

哦，如实说，截至目前，检测并不能提供这样的证据。

也许有人说，没有证据，你如何让我们信服你呢？

问得有道理。心理学在很多方面只是假说，这也许正是它最神秘和纷繁莫测之处了。

原谅我，只能用一个猜想来回答这个问题。也许，在我们祖先漫长的进化过程中，只有那些充满了理想的人，才比较不气馁，不妥协，不屈服，才在黑暗中看得到微光，在困境中不乏勇往直前的勇气。而那些目光短浅的人，比较容易沮丧和放弃，失去了生存的机会。

从这个意义上讲，希望感不但帮助人类进化，而且使人类得到了更多的存活机遇。有一个远大的目标，不仅仅对于整体来说是需要的，对于个体来说也是福音。

顽强比坚强更重要

"顽"是什么意思？冥顽不化啊。相信自己，决不改变。

人对自己的生活，肯定是要有规划的。但当新的事件发生的时候，你要有能力修改自己的计划。当然了，我是指比较短期的计划，而不是要你的人生目标翻手为云覆手为雨地变个不停。如果你不能放下已经规划好的生活，就无法迎接那些等待着你的新的生活。

走错了，能不能回到开始的那一点，重新开始？有的时候可以，大部分时候，不可以。因为你已经输掉了信任和时间。人不可能重新踏入同一条河流，更不要说回到同一个起点了。每一个变数都会影响发展的方向和进程，对此，你要有充分的思想准备。

对那些非常善于逃跑的人，第一次，跑就跑了吧；第二次，也容他再跑一次吧；但第三次，就不应该再放任自己或他人了。总是放弃，断没有前进。

创造力充沛的人，通常要有一颗小孩子一样，充满了好奇的心。好奇这个品质，在小孩子身上是天然的，在大人身上，就需要刻意保持。我所说的刻意，不是让你处处装出大惊小怪的样子，而是保持一种发自内心的、探索这个世界的乐趣。这并不难，世界本来就充满了未知的领域，你只要不有意收起自己探索的眼光，好奇心就会像忠诚的宠物，寸步不离。

你要有幽默感。幽默感产生于对自己的接纳，对人类境况的接受。幽默应该是没有敌意的，有敌意的，那就叫作挖苦了。如果你不会幽默，这也没什么好自卑的，也无须特意去学习。保持你原来的样子就好，不必太在意。

对一个成功的人来说，其实顽强比坚强更重要。"坚"的意思是摧不垮的，但顽强，除了硬度这一条，还特别强调了千百次的概念。

"顽"是什么意思？冥顽不灵啊。相信自己，决不改变。

风不能把阳光打败

尝试着用"同时"代替"但是"吧。时间长了，你会发现自己多了勇气。

"但是"这个连词，好似把皮坎肩缀在一起的丝线，多用在一句话的后半截，表示转折。

比方说：你这次的考试成绩不错，但是——强中自有强中手。

比方说：这女孩身材不错，但是——皮肤黑了些。

"但是"这个词刚被发明出来的时候，也许它单纯只是一个纽带，并不偏向谁，后来在长期的使用"磨损"中，悄悄变了。无论在它之前堆积了多少褒词，"但是"一出，优点便像撒了盐酸的污垢，冒着泡沫没了踪影，让人记住的总是贬义。好似你爬上高坡，没来得及喘口气，"但是"就不由分说把你推下谷底。

"但是"成了把人心捆成炸药包的细麻绳，成了冷水泼面的前奏曲，让你把前面的温暖和光明淡忘，只能振作精神，迎击扑面而来的挫折。

其实，所有的光明都有暗影，"但是"的本意，不过是强调事物的立体。可惜日积月累的负面暗示，使得"但是"这个预报一出，就抹去了喜色，忽略了成绩，轻慢了进步，贬斥了攀升。

一位心理学家主张大家从此废弃"但是"，改用"同时"。

比如我们形容天气的时候，原先说："今天的太阳很好，但是风很大。"

今后说："今天的阳光很好，同时风很大。"

最初看这两句话的时候，觉得好像没有多大差别；你不要急，轻声地多念几遍，那分量和语气韵味，就体会出来了。

"但是风很大"会把人的注意力凝固在不利的因素上，觉得阳光很好不是件值得高兴的事情，风大才是关键。借助了"但是"的威力，风把阳光打败了。

"同时风很大"更中性和客观，前言余音袅袅，后语也言之凿凿，不偏不倚，公道而平正。它使我们的心神安定，目光精准，两侧都观察得到，头脑中自有安顿。

一词背后，潜藏着的是看待世界和自身的不同目光。

花和虫子，一并存在，我们的视线会落在哪里？

"但是"是一副偏光镜，让我们聚焦虫子，把它的影子放得浓黑硕大。

"同时"是一个透明的水晶球，让人均衡地透视整体，既看见虫子，也看见无数摇曳的鲜花。

　　尝试着用"同时"代替"但是"吧。时间长了，你会发现自己多了勇气，因为情绪得到保养和呵护；你会发现自己拥有了宽容和慈悲，因为更细致地发现了他人的优异；你能较为敏捷地从地上爬起，因为在看到沟坎的同时看到了远方的灯火……

面对不确定性的忍耐

我不能确定我哪一天会死，但我可以确定活着的每一天，我都饶有兴趣地度过。

什么是不确定性呢？

当然可以顾名思义。也许因为是医生出身，我总觉得这类专有名词，有它固定的家族史，还是先追溯渊源、验明正身再来讨论斟酌稳妥些。

我在书上查到了对不确定性原理的解释。

光的含量的量子，被称为光子，光子含有的能量极为微小。在日常生活里，这些微小的光子对周遭的世界好像没有什么特别的影响。但当科学家开始研究原子世界时，情况便大大不同了。原子里的粒子都是极细小的东西，比如电子，十亿个十亿乘十亿的电子也没有一根羽毛重。由于这些物质粒子是极细小的东西，如果它们被光子打中，它们会被打得偏离轨道，运动的速度也会改变。

著名的不确定性原理（Uncertainty Principle）说明我们无法既测量电子的位置又测量其速度。不能同时知道这两样数据，我们就无法预言粒子的运行轨道，或者说它是否有一个确定的运行轨道也无法知道。

这个原理如此奇特并难以想象，叫人困惑。它摧毁了经典世界的因果性，捣毁了客观性和实在性。

我不知道这个量子力学中的经典理论，与我们今天在社会生活中要谈论的不确定性，有多少传承的关系。抑或前者是曾祖，后者只是它的远房重孙，虽然有着割舍不断的亲缘，相貌上已经揉入了更多的异族之血？

如果就社会生活"不确定性"的字面含义来说，顾名思义就是这个世界有些乱套，以往的某些顺理成章的轨迹被颠覆，人们对自己的将来失去了把握，陷入迷茫和焦虑之中。我们会听到对一件事物，比如房价和空调价格的截然相反的假说，让我们洗耳恭听并待时间检验之后心生愤懑，而正方、反方的领军人物都赫赫有名。凭什么某一方既然一而再、再而三地说不准，还好意思在电视屏幕或报纸专栏中一如既往地口若悬河？然而腹诽或口诛之后，我们依然会守在那里等着他们继续夸夸其谈。我们都既苛刻又宽容，因为面对着"不确定"的世界，越是陷入不可把握的泥潭，就越想知道他人面对着"不确定"的确定看法。我们在怪圈中骑一匹跛脚的瞎马，头晕眼花依然沿着惯性旋转。再比如我们面对着婚礼上的一对玉人抛洒尽了人间的祝福，但起码有一半以上的来宾对他们能否白头偕老疑窦丛生。古语说"三岁看老"，人们预言某个邻居家的孩子没有出息，因为他自小说谎并且好吃懒做、偷鸡摸狗，不想他在经历了几年牢狱之灾后居然做起了买卖……

然而无论前途多么诡谲难测，祝福还是要发，期望还是要有。

因为我们还有救。即使在量子力学的理论当中，也要强调当样本数量变得非常非常大时，概率就有用武之地了。

还是拿电子来说事吧。电视的后面有一把电子枪，不断地逐行把电子打到屏幕上形成画面。对单个电子来说，人们不知道它将出现在屏幕上的哪个点，只有概率而已。不过大量电子叠在一起，就可以组成稳定的画面了。再如保险公司没法预测一个客户会在什么时候死去，但它对一个城市的总体死亡率是清楚的，所以保险公司经营得当，一定赚钱。

那些关于人类美德的基石，就是我们社会生活的概率了。还有时间的金色砝码，也是社会生活的概率了。不确定性指的是微观世界，越是瞬息万变的节奏，越是小的偶然性，越不可预测。但量子力学的理论并不等于放之四海而皆准的真理，大的宏观世界，就是一个概率的组合，存在着可以预测的规律，轨道就是秩序。一个奸商可以得逞于一时，却不可以牟利于久远，因为"不怕人比人，就怕货比货"。一个从牢狱大墙中出来的人，不是不可能成功，但那一定是痛改前非的结果，而不是重蹈覆辙。时间本身就是甄别泥沙俱下的不确定性的最好的明矾，只是它还需要配合。

配合时间的盟友就是人们的耐心。不是一般的耐心，而是非凡的忍耐。具体谈到房价是涨还是跌这样的问题时，怕是要先搞清要投资还是要自住？如果是投资，那就有风险，你就要独立做出对未来房价趋势走向的判断，然后为了这个判断去冒折戟沉沙的风险。不要把责任推给他人和量子们，那虽然便捷却是变相的懦弱。如果一切都月朗风轻、确定无误，也就消磨了机智和决断，荡平了投机和暴利。说到婚姻的长久与和美，只要你在这之前已经充分做了考察和准备，那就义无反顾、一往无前地走入围城。婚姻中的双方，本来就是家庭的毛坯，还需岁月长久的打磨和嵌合，才能渐趋完美和谐。它的稳固和分裂，和人性的完整呈密切的正相关，和量子力学倒是隔着万水千山。

人虽然是微小的生灵，和没有知觉、没有主观能动性的电子之类，还是截然不同的。和它们相比，人毫无疑义是宏观的。人的目标是宏观的，人的努力是宏观的。人和人的集合体，更是一个伟大的宏观。从人类的历史来看，不确定是暂时的，确定才是长久的。我不能确定我哪一天会死，但我可以确定活着的每一天，我都饶有兴趣地度过。我不能确定我的婚姻一定幸福，但我可以确定自己的诚恳和投入。我不能确定这篇关于不确定的小文是否有趣，但我可以确定我已经用心用力。

倾听，是你的魅力

友情这棵树上只结一个果子，叫作信任

朋友就像文物，越老越珍贵。

现代人的友谊，很坚固又很脆弱。它是人间的宝藏，需要我们珍爱。友谊的不可传递性，决定了友谊是一部孤本的书。我们可以和不同的人有不同的友谊，但我们不会和同一个人有不同的友谊。友谊是一条越掘越深的巷道，没有回头路可以走，刻骨铭心的友谊也如仇恨一样，没齿难忘。

友情这棵树上只结一个果子，叫做信任。红苹果只留给灌溉果树的人品尝。别的人摘下来尝一口，很可能酸倒了牙。

友谊之链不可继承，不可转让，不可贴上封条保存起来而不腐烂，不可冷冻在冰箱里永远新鲜。

友谊需要滋养。有的人用钱，有的人用汗，还有的人用血。友谊是很贪婪的，绝不会满足于餐风饮露。友谊是最简朴同时也是最奢侈的营养，需要用时间去灌溉。友谊必须述说，友谊必须倾听，友谊必须交谈的时刻双目凝视，友谊必须倾听的时分全神贯注。友谊有的时候是那样脆弱，一句不经意的言辞，就会使大厦顷刻倒塌。友谊有的时候是那样容易变质，一个未经证实的传言，就会让整盆牛奶变酸。

这个世界日新月异。在什么都是越现代越好的年代里，唯有对友谊，人们保持着古老的准则。朋友就像文物，越老越珍贵。

礼物分两种，一种是实用的，一种是象征性的。

我喜欢送实用的礼物。

不单是因为它可为朋友提供立等可取的服务功能，更因为我的利己考虑。

此刻我们是朋友，十年以后不一定是朋友。就算你忠心耿耿，对方也许早已淡忘。

速朽的礼物，既表达了我此时此刻的善意，又给予朋友可果腹、可悦目、可哈哈一笑或凝神端详的价值，虽是一次性的，也留下了美好的瞬间，我心足矣。

象征久远意义的礼物，若是人家不珍惜这份友谊了，留着就是尴尬。或丢或毁，都是物件的悲哀，我的心在远处也会颤抖。

若是给自己的礼物，还是具有象征意义的好。比如一块石子、一片树叶，在别人眼里那样普通，其中的美妙含义只有自己知晓。

电话簿是一个储存朋友的魔盒，假如我遇到困难，就要向他们发出求救信号。一种畏惧孤独的潜意识，像冬眠的虫子蛰伏在心灵的旮旯。人生一世，消失的是岁月，收获的是朋友。虽然我有时会几天不与任何朋友联络，但我知道自己牢牢地黏附于友谊网络之中。

　　利害关系这件事，实在是交友的大敌。我不相信有永久的利益，我更珍视患难与共的友谊。长留史册的，不是锱铢必较的利益，而是肝胆相照的情分，与朋友坦诚地交往，会使我们留存着对真情的敏感，会使我们的眼睛抹去云翳，心境重新开朗。

诺言不是锁链

一旦能更好地认识自己，你就能停止做出那种扮演不必要的角色的行为。

你可以改变以前的承诺，不必永远被它束缚。

这一条太重要了。我们重视一诺千金。结果呢，世上的人就分成了两大阵营，一种是"一诺千金"的，一种是"一诺鸡毛"的。

这一诺千金固然是好品质，但世事多变，如果你的思维有所前进和变化，其实也不必拘泥于很久之前的"诺"，那样就太刻板了。有些人，因为太重视"一诺"这根金锁链，畏惧改变，被它压弯了脖子，其实得不偿失。

你有权利尽情地表达你的感受。感受改变了，经过理智的甄选斟酌，你可以据此改变决定，包括诺言。

很多人不敢说出自己的感受，问其原因，大多会腼腆地说，是怕别人不喜欢自己。有人若是因为你的真实感受不喜欢你，那你也只有退避三舍、敬而远之了。

不过很多时候，人们搞不清发表评论和表达自身感受之间的区别。其实，直截了当地说出自己的感受，通常是无害的。你不是在评论他人，只是客观地描述自己内心的活动，应该无罪。如果你连这一点主权都捍卫不了，那处境就有点可悲了。

不想见某些人，不想参加某些会议，不想陪某些人吃饭，你可以不去。

你可以不接受采访，不为某些人庆祝生日，不为某些人的去世发表感言，并不因此而内疚。

你可以不对别人的情绪负责任，只对自己的情绪负责任。别人要怎么想，那是他们的自由和选择，与你无干。即使是由你引起的，他们也可以选择不同的情绪，你绝不是矛盾的主要方面。

不必为每件事都寻找答案。世界上好多事情是没有答案的。或者说，今天答案是这样的，明天又可能变成那样，都算正常范围内可能出现的局面。

不必每件事都判断对错。对错这东西是有的，只是不一定每一桩你都来出面判断啊。

你可以没有充分理由就做出决定，只听凭直觉。但你要对这些决定负责。

一旦能更好地认识自己，你就能停止做出那种扮演不必要的角色的行为。

让我们倾听

倾听的重要性，我以为必须提到相当的高度来认识，倾听是一个人心理是否健康的重要标识之一。

　　我读心理学方向博士课程的时候，书写作业中有一篇是研究"倾听"。刚开始我想，这还不容易啊，人有两耳，只要不是先天失聪，落草就能听见动静。夜半时分，人睡着了，眼睛闭着，耳轮没有开关，一有月落乌啼，人就猛然惊醒，想不倾听都做不到。再者，我做内科医生多年，每天都要无数次地听病人倾倒满腔苦水，鼓膜都起茧子了。所以，倾听对我来说应该不是问题。

　　查了资料，认真思考，才知差距多大。在"倾听"这门功课上，许多人不及格。如果谈话的人没有我们的学识高，我们就会虚与委蛇地听。如果人的谈话冗长烦琐，我们就会不客气地打断。如果谈话的人言不及义，我们会明显地露出厌倦的神色。如果谈话的人缺少真知灼见，我们会讽刺挖苦，令他难堪……凡此种种，我无数次地表演过，至今一想起来，无地自容。

世上的人，天然就掌握了倾听艺术的人，可谓凤毛麟角。

不信，咱们来做一个试验。

你找一个好朋友，对他或她说："我现在同你讲我的心里话，你却不要认真听。你可以东张西望，你可以搔首弄姿，你也可以听音乐、梳头发，干一切你忽然想到的小事，你也可以顾左右而言他……总之，你什么都可以做，就是不必听我说。"

当你的朋友决定配合你以后，这个游戏就可以开始了。你必须拣一件撕心裂肺的痛事来说，越动感情越好，切不可潦草敷衍。

好了，你说吧……

我猜你说不了多长时间，最多三分钟，就会鸣金收兵。无论如何你也说不下去了。面对着一个对你的疾苦、你的忧愁无动于衷的家伙，你再无兴趣敞开襟怀。你不但缄口了，而且感到沮丧和愤怒。你觉得这个朋友愧对你的信任，太不够朋友了。你决定以后和他渐渐疏远，你甚至怀疑认识这个人是不是一个错误……

你会说，不认真听别人讲话，会有这样严重的后果吗？我可以很负责地告诉你，正是如此。有很多我们丧失的机遇，有若干阴差阳错的信息，有不少失之交臂的朋友，甚至各奔东西的恋人，那绝缘的起因，都是我们不曾学会倾听。

好了，这个令人不愉快的游戏我们就做到这里。下面，我们来做一个令人愉快的游戏。

主角还是你和你的朋友。这一次，是你的朋友向你诉说刻骨铭心的往事。请你身体前倾，请你目光和煦，你屏息关注着他的眼神，你随着他的情感冲浪而起伏。如果他高兴，你也报以会心的微笑。如果他悲哀，你便陪伴着垂下眼帘。如果他落泪了，你温柔地递上纸巾。如果他久久地沉默，你也和他缄口走过……

非常简单。当他说完了，游戏就结束了。你可以问问他，在你这样倾听他的过程中，他感到了什么？

我猜，你的朋友会告诉你，你给了他尊重，给了他关爱；给他的孤独以抚慰，给他的无望以曙光；给他的快乐加倍，给他的哀伤减半；你是他最好的朋友之一，他会记得和你一道度过的难忘时光。

这就是倾听的魔力。

倾听的"倾"字，我原以为就是表示身体向前斜着，用肢体表示关爱与注重。翻查字典，其实不然。或者说仅仅作这样的理解是不够全面的。倾听，就是"用尽力量去听"。这里的"倾"字，类乎倾巢出动，类乎倾箱倒箧，类乎倾国倾城，类乎倾盆大雨……总之殚精竭虑、毫无保留。

可能有点夸张和矫枉过正，但倾听的重要性，我以为必须提到相当的高度来认识，倾听是一个人心理是否健康的重要标识之一。人活在世上，说和听是两件要务。说，主要是表达自己的思想情感和意识，每一个说话的人都希望别人能够听到自己的声音。听，就是接收他人描述的内心想法，以达到沟通和交流的目的。听和说像鲲鹏的两只翅膀，必须协调展开，才能直上九万里。

现代生活飞速地发展，人这一辈子，不再是蜷缩在一个小村或小镇里，而是纵横驰骋、漂洋过海；所接触的人，不再是几十、上百，很可能成千上万。要在相对短暂的时间内，让别人听懂了你的话，并且两颗头脑之间要产生碰撞，这就变成了心灵的艺术。

现今鼓励青年的励志书很多，它们教你怎样展现自我优点，怎样在第一时间给人留下一个好印象，怎样通过匪夷所思的面试，怎样追逐一见钟情的异性……有不少绝招。有人就觉得人际交往是一个充满了技术的领域，是可以靠掌握若干独门功夫就翻云覆雨的领域。其实，要享有好的人际关系，学会交流，听比说更重要。

从人的发展顺序来看，我们是先学着听的。我之所以用了"学着"这个词，是因为如果没有系统地学习，有的人可能终其一生，都没能学会如何"听"。他可以听到雪落的声音，可他感觉不到肃穆。他可以听到儿童的笑声，可他感受不到纯真。他可以听到旁人的哭泣，却体察不到他人的悲苦。他可以听到内心的呼唤，却不知怎样关爱灵魂。

从婴儿开始，我们就无意识地在听。听亲人的呼唤，听自然界的风雨，听远方的信息，听社会的约定俗成。这是一种模糊的天赋，是既可以发扬光大也可以湮灭无闻的本能。有人练出了发达的听力，有人干脆闭目塞听。有很多描绘这种状态的词，比如"充耳不闻""置若罔闻"……对"闻"还有歧视性的偏见，比如"百闻不如一见"。

听是需要学习的。它比"说"更重要。如果我们没有听到有关的信息，我们的"说"就是无的放矢。轻率的人，容易下车伊始就哇里哇啦地说，其实沉着安静地听，是人生的大境界。

只有认真地听，你才能对周围有更确切的感知，才能对历史有更深刻的把握，才能把他人的智慧集于己身，才能拓展自己的眼界和胸怀。

读书是一种更广义的倾听。你借助文字，倾听已逝哲人的教诲。你借助翻译，得知远方异族的灵慧。

倾听使人生丰富多彩，你将不再囿于一己的狭隘贝壳，你将潜入浩瀚的深海。倾听使人谦虚，知道山外有山，天外有天。倾听使人安宁，你知道了孤独和苦难并非只莅临你的屋檐。倾听使人警醒，你知道此时此刻有多少大脑飞速运转，有多少巧手翻飞不息。

倾听是美丽的。你因此发现世界是如此五彩缤纷。倾听是幸福的一种表达，你从此不再孤单。

倾听是分层次的。某人在特定的时刻，讲了特定的话。只有当我们心静如水，才能听到他的话后之话。年轻人最易犯的毛病是——他明白所有倾听的要素，也懂得做出倾听的姿态，其实呢，他想的是自己待会儿要说的话。

他关注的不是述说者，而是自己。"佯听"是很容易露馅的，只要他一开口讲话，神游天外的破绽就败露了。两个面对面述说的人，其实是最危险的敌人。一切都被心灵记录在案。

倾听是老老实实的活儿，来不得半点虚假和做作。倾听是对真诚直截了当的考验。如果你不想倾听，那不是罪过。如果你伪装倾听，就不单是虚伪，而且是愚蠢了。

当我深刻地明白了倾听的本质，而不是仅仅把倾听当成讨好的策略后，倾听就向我展示了它更加美丽的内涵，它无处不在，息息相关。如果你谦虚，以万物为师长，你会听到松涛海啸、雪落冰融，你会听到蚂蚁的微笑和枫叶的叹息。

如果你平等待人，你的耐心就有了坚实的基础，你可以从述说者那里获得宝贵的馈赠。这就是温暖的信任和支撑。

　　年轻的朋友们，让我们学会倾听吧。当你能够沉静地坐下来，目光清澄地注视着对方，抛弃自己的傲慢和虚荣，微微前倾你的身姿，那么你就能听到心与心碰撞的清脆音响，它宛若风铃。

可否让我陪你哭泣

天下之大，其实难以找到可以放声一哭的地方。

哭泣是一种本能，古代人却害怕它。因为哭泣往往代表着一种极端状况的发生了，人们本能地回避。

我说过，自己在妇产科工作时，经手接生过很多小婴儿。假如是顺产的孩子，他们降生后的第一反应，就是号啕大哭。其实，这种音响的本质不应该被称为"哭"，他们从温暖的子宫降生到外界，感受到了寒冷，再加上压力骤然解除，肺部扩张，强力地吸入空气，就发出了人们称为哭喊的声音。实话实说，这种啼哭，并不哀伤，只是一种体操。

我觉得真正区分哭泣的哀伤程度的，是眼泪。

其实哭是可以分成两种的，流泪的和不流泪的。没有眼泪的哭泣，更多的是压抑。只有那种泪流汹涌、滴泪沾襟的哭泣，才有更大的宣泄和排解压力的作用。

洋葱也会让我们流泪，不过"洋葱泪"只是一些简单的水分。而人们因为悲伤流出的泪，含有大量的激素。

悲伤或愤怒的眼泪包含着脑啡肽，是大脑缓解疼痛的溶解剂。哭泣触动了分泌与释放激素的化学物质，排出了造成压力的激素。这是一种宝贵的外分泌过程。我们要找回哭泣的能量，好好利用这个武器。眼泪能排毒啊。

聆听别人的痛楚，常常让我们觉得难以忍受。

有一阵子，我的诊所里接二连三地来了一些丧失亲人、需做悲伤治疗的人。他们之中少数人在无声地哭泣，让眼泪顺着面颊汹涌而下。大部分人会撕心裂肺地痛哭，几乎声震寰宇。

诊所的工作人员说，她在外面都听得到声如裂帛般的哭声，我近在咫尺洗耳恭听，如何受得了呢！

我说，事实上并没有你想象的那样难挨。天下之大，其实难以找到可以放声一哭的地方。从这个角度来说，他或她，能够让我陪伴着痛哭，是给予我极大的信任啊。

在朋友的交往中，也常有这种情景。

如果你觉得不可忍受，多半因为这痛苦，也正是你掩藏的创口。别人的叙述，像一柄挖掘的铲，让你的陈血也开始喷溅。这种时刻，你不要轻易放过。如果你不能倾听，可以躲开，但要讲清自己不是厌倦，而是无力支撑。我相信真正的朋友会理解这一点的；如果不能理解，也就不可久交了。

但你歇息下来的时候，不要轻易放过那稍纵即逝的痛楚。我猜，身体已经习惯于包裹最深处的弹片，轻易不愿触动。不过你还是要把它挖出来，虽然一段时间内会血流不止，不过伤口终将愈合。如果一直遮掩着，倒有可能造成精神的败血症。

吞噬能量的黑洞，常常以爱的名义

不要和没有安全感的人结成伴侣，他既不能同甘，更不能共苦。

当一个人把他内心最深处、最不可告人的东西，那些最隐秘、最关键的话语说出来的时候，几乎毫无例外地会引发听者的强烈不适感。

这种倾诉，不仅包含着怨愤、悲伤、曲解等，还常常有强者最深层的软弱和弱者最无助的愁肠。作为一个倾听者，你一定要镇定。因为只有你此刻宽广无垠的包容，才能让述说者继续敞开肺腑，让包裹已久的瘰疬示人。

你要克制住自己的不适，将倾听进行到底。对方只有将重重压抑依次展示之后，才能寻到建设性的方向，找到出口。

每逢这种时刻，你不要慌张。这是人间信任的舞台，而你是唯一的观众。

有一些家庭，在"爱"的名义之下，行使着独裁和权威。

不管男生还是女生，寻找伴侣的时候，对这样的围城要有充分考量。

世界有很多黑洞，在吞噬我们的能量。比如，一个孩子在幼年的时候，如没有得到过足够多的安全感，在未经疗治的状况下，他将一辈子都没法建立对他人的信任。这种丧失了安全感的深层战栗，乃是人间最大的黑洞。

不要在没有安全感的上司手下工作，他会疑虑重重。

不要和没有安全感的人结成伴侣，他既不能同甘，更不能共苦。

仇人的显微镜

仇人的真知灼见，也许会让你因此得到终生受用的教诲，他在无意中就送了一个大礼给你，他就成了你的恩人。

人一生，会听到很多评价和意见，你不想听也不行。意见的来源，是个有趣的问题。

说到意见的来源，最简单的可以分成两大类。一大类是爱你的人，因为希望你进步，希望你好，希望你幸福，所以他们会指出你的不足。通常我们对这类意见，要么是重视过度，要么是过度地不重视。前者是因为亲人在我们眼中就是人间的上帝，句句是真理。后者也因为和凡间的上帝相处得太久了，反倒觉得老生常谈，把它当成了耳旁风。还有一大类意见的来源是恨你的人。我说的这个"恨"，不是血海深仇，不是国恨家仇。在此文中，它统指对你印象不好的人，和你不对付的人，和你有过节、巴望着你倒霉的人。那些和你暗中戗着茬的龌龊人，恕我简称为你的"仇人"。

对待仇人的意见，有一句很经典的话，叫作"走自己的路，让别人说去吧"。这虽是一剂良药，但缺点是起效较慢。很多人试验过这法子，有时好几个月甚至好几年之后，才能渐渐在想起仇人们的冷语时心境淡然。还有一个前提——你已经找到了一条路，正在走着，方向感明确，有主心骨，步履轻快，说这话的时候底气才较充足。倘若你正在彷徨和苦闷，雨雾迷蒙，路还不知在何方，或者干脆在路边崴了脚或被野兽啃伤了，创口流着血，那这句经典就稍嫌隔靴搔痒，有点近似精神胜利法了。

面对仇人的攻伐，如何是好？

仇人的话，杀伤力之所以大，是因为其中常常有几分真实的。完全的谎话，其实倒并不可怕，因为除了极为不聪明的人，一般人都可识破这些谎言。古语说"谣言止于智者"，现在信息发达，人也吃了很多深海鱼油，智者可能比古时还要多些，所以对完全胡说八道的东西倒不必太过担心。如果仇人的话，是完全真实的，我看是应该感激的，请你低下自己的头。这不是认输或认领了侮辱，而是真心实意地表达对真实的敬畏。只要他说得对，不必介意他的人品，只需看重他的意见。仇人的真知灼见，也许会让你因此得到终生受用的教诲，他在无意中就送了一个大礼给你，他就成了你的恩人。很多人常常说，我最感激的是那些侮辱、攻击、放弃我的人，他们让我懂得了如何做人，才有了今天的成就云云……每逢我听到这种话，总觉得略微矫情了些。我不会感谢那些本来想侮辱我的人，他们不应该因为仇恨和狭隘受到感激。仇恨和狭隘，常常是可以置人于死地的，你之所以没有死，是因为你救了自己。你应该感谢的只有一个人，那就是你自己啊。

即使你从仇人喷涌而来的污泥浊水中，荡涤出了金沙，你也可以依然保持你的仇恨，如同保持你脊骨的硬度，但这并不妨碍你思忖他们的意见。只有仇人，才会深深研究你的要害。因为他恨你，所以他就时刻盯着你，对你观察得格外细致，思索得格外刻毒。试想一下，如果我们用显微镜看事物，那普天之下，就没有一处洁净的地方了，到处都是繁殖的细菌、蠕动的螨虫……

然而，依然有阳光。

你的仇人，就是瞄准你的显微镜。

脱口秀

许多世纪以前，我也许做过一只狐狸。

我到云南的一处锡矿山访问，它蜷在哀牢山山脉的中段，地下的矿藏已然枯竭。经过近百年的挖掘，大自然的汁液被榨干，只剩下一块布满人工痕迹的苍老土地。高压电线横贯天穹，委顿地低垂着。石砌的房舍长满茸茸青苔，坚固得仿佛可在风雨中矗立一千年。

工人们早已迁徙别处，只剩几个孤独的老人看守镇子，四周林木萧萧。这里曾经繁华过，现在已成废镇。无所不在的大自然卷土重来，更透出奇异的苍莽与荒凉。

"作家见多识广，您说说，我们这处荒山做什么好呢？"矿长问我。从他专注的目光，我知道他问询过所有到达过这里的外乡人，至今还没有得到满意的答案。

"这儿像一座废弃的古堡，索性修成山间别墅，会有许多人来避暑的。看那峡谷衰草萋萋，能产生多少灵感！"我兴致

226

勃勃地说。

矿长皱着眉头，半晌没有答话，眉头被青山映得发绿。

我突然意识到自己的唐突。矿山老化，严重亏损，哪里拿得出那么多钱修别墅？况且这儿距昆明近千里路，哪有那么多人来旅游！

我缄默了。

"作家，再想想吧。您跑的地方多，看有什么适宜这儿穷山区发展的项目？"矿长恳切地说。

我抱着双肘，面对群山，作苦思冥想状。我知道自己其实什么也想不出来，那是企业家们纵横驰骋的领域，我一孤陋寡闻的文人，能有什么起死回生的高招？做出这个模样，只是为了使矿长宽心。

突然，一片红光扑入我的脑海，粗糙的毛尾拂痛了我的神经末梢，一双晶莹诡谲的眼珠在油绿的背景中窥视着我……

"养狐狸吧。"我脱口而出。仿佛那个声音早就蹲在喉咙口，只待这一瞬间跳进别人的耳鼓。

"作家这个主意好哇！我们怎么就从来没有想过养狐狸呢？这么大的一片山林，这么多的石屋，水电齐全，还有我们的工人正没活干……好，我们就养狐狸吧！经济价值高，矿山也许能走出一条生路……"矿长的声音在峡谷间滚动。

我脱口而出的话，没想到矿长这样当真。我甚至没有在动物园以外的地方见过一只野生的狐狸，这么大的事，哪能凭外行一句戏言就算数？我慌了，连连摆手。

"作家，你启发了我们，我们会认真考虑的。包括这里的气候、海拔、温度是否适宜狐狸的生存。我们还会聘请养狐专家，总之，我们会很慎重的，不要你负责任。"矿长安慰我。

一整天我都忧心忡忡，晚上辗转难眠的时候，我想这是怎么啦？仿佛出了什么不宁静的事？后来我突然明白，是因为狐狸。

之后我又去了许多地方，狐狸的影子渐渐暗淡。我回了北京，几乎将这事完全遗忘了。只是在月朗星稀的晚上，红光还会瞬忽而现。我会忆起那遥远的矿山，焦虑他们可曾想出脱贫的好主意没有。

有一天，我突然收到一个语音微弱的电话。"是作家吗？我是云南那个古老矿山的矿长，我们按你的主意，从河南买了60只狐狸，建起了养狐场。现在狐狸们长得很好，甚至比在它们的老家长得还要好。因为我们这里山高水冷，狐狸的皮毛长得很厚。作家，你什么时候再到我们哀牢山来，会看到蓝狐的皮毛像缎子一样闪亮……谢谢你啦！你给我们出了一个多么好的养狐狸的主意啊！养狐专家说这里很适合狐狸生长，我们以后还会养更多的狐狸……"

我听到扑通一声，那是我头脑中的红光落了地。啊，狐狸，你在冥冥中带给我的口信，我已经传到。祝你在高高的哀牢山上安下新家，给你的主人带来好运。

后来我把这个故事讲给朋友听，她说："你以前从没看过养狐方面的书吗？"

我说："没有哇。"我至今都没有关于养狐方面的任何知识。我对狐狸的全部感性认识，都来自一本叫作《聊斋志异》的小说。

她说："那你是脱口秀。"

我说："什么叫脱口秀？"

她说："有的人会在有的时候，脱口说出他平常绝不会说出的话，而且绝对正确，好像有一种力量在操纵他。"

我说，你说得好玄。我的解释是，许多世纪以前，我也许做过一只狐狸。

帮助人越多，幸福感越强

从远古时代起，只有那些愿意帮助别人的人，才会有更多的机会留下子嗣……

被人需要是件很快乐的事情，即使很穷很忙。而无力帮助别人的时候，内心的感觉便十分黯淡。

美国哥伦比亚大学的研究人员在调研中证明，帮助人越多的人，幸福感越强。

帮助他人这一行为，本身自有其深远的影响。人们需要释放内心的人道主义情怀。在帮助或施舍他人的时候，大脑的活动更积极。

研究人员把一些钱装在信封里，分给一些学生。准确地说，是分给了四十六名加拿大学生，然后对他们说，你可以用这些钱给自己买些东西，或者给别人买东西送给他们。

到了下午五点，研究人员把这批学生集合起来，调查其快乐指数。发现钱的多少，与快乐指数无关。不过那些给别人买东西的人，比给自己买东西的人，要快乐得多。

乍一听，怀疑真的是这样吗？多数人还是给自己花钱，比较舒服吧？

然后假设自己做了这个试验。我想，我会选择把钱给我的父母、我的儿子、我的丈夫……

这样想过之后，不禁哑然失笑。自己也是凡人，并不比别人更高尚或是更龌龊。所以，这试验的结果是真实的，结论通用于你我。

研究证明，当人接受馈赠的时候，和给人帮助或施舍的时候，满足感是由大脑的同一部分产生的，只不过在帮助别人的时候，这一区域更为活跃。

有时我想，如果人的大脑皮层是透明的，我们就会看到，当那些神经活动的时候，我们会更有成就感。这是一个有趣的试验。

我相信，当一个人被他人需要的时候，其感受是非常美妙的，成就感是无与伦比的。不信，你试一试。

我会很乐意向人求助，因为这在给予自己机会的同时，也给予了别人一个释放爱心的机会。我想，这恐怕是遗传给我们的精神馈赠。

因为从远古时代起，只有那些愿意帮助别人的人，才会有更多的机会留下子嗣，我们基本上是这种人的后代，在血液中就留下了良好的习惯。

　　这种从心中捧出的、抛洒四处的爱意，我们要为之感动。

有勇气饮尽最后一滴甘露

安然逝去

我希望在新的世纪里，更多的人能死在自己的家里。

　　每个人都会死。生命之箭脱离了母体，向着死亡的目标飞翔，终结的靶心早已傲然矗立在远方。人的生存是一个向着死亡的存在，这不单是一个抽象的哲学问题，更是每个人非常具体的扫尾。

　　在人类的进化史上，先有了优生。这符合生物繁衍昌盛的规律。安然地照料即将逝去的衰老的、虚弱的、残败的个体，是一种高级的需要。恕我孤陋寡闻，不知道在动物界里除了"乌鸦反哺"这类未经证实的"孝道"，可还有年幼的动物服侍垂老待毙动物的佳话？不敢说没有，起码是极为罕见的。在动物世界之类的节目里，我们看到的几乎都是为了种族的繁衍，亲代动物不惜舍身饲子，到了粉身碎骨死而后已的地步。所以说，对失去了生殖繁衍价值的垂死的同类，施以温暖的照料，保持他的尊严，这在本质上，不是动物的本能。

人是一种高级生物。在温饱满足之后，便有爱与尊严的需要。当一个人隆重地走完一生，却在濒临死亡的时刻，将一生的尊严散失殆尽，这对人的价值追求真是一个莫大的反讽。

临终关怀起自宗教的朝圣之途。在广大没有宗教信仰的人群中，实现有尊严地活着与有尊严地死去，任重道远。

我到过国内的若干家临终关怀医院。那些濒临死亡的人有一种淡漠和渴望交织在一起的眼神，令人看了之后觉得自己还能行走和微笑是一种奢侈。在期待国家和慈善机构投入更多的人力和物力的同时，我又悲哀地想到，对一个幅员如此辽阔，人口如此众多的发展中国家来说，这是不是最有效的办法？

人们在哪里死亡呢？人们曾经夸赞过蜜蜂是个懂事的小家伙，因为在蜂巢里永远看不到死去的蜜蜂，濒死的蜜蜂在得到神秘的通知之后，就远离了蜂巢，死在旷野。当人们为不用打扫蜂巢内的死蜂而沾沾自喜的时候，也在寻找着大象的墓园。大象也会在即将死亡的时刻，离开整个象群，找到祖辈的终结处，静静地安息。人们急切地寻找大象的墓园，是因为大象的牙齿。如果大象没有了牙齿，人们对大象魂归何处，估计也和对蜜蜂的下落一般，采取不求甚解的态度。

老吾老以及人之老，是一句名言。在古代汉语的学习中，这句话屡屡被提及。老师不厌其烦地告知大家，这中间有三个"老"字，每一个"老"字用法是如何的不同。一读到这句话——这么多个"老"字，就让人的头发急遽变白。

中国古代应对人的老化以至死亡，强调的是后辈的"孝道"。这是一种个人的行为，其中还有很多啼笑皆非的因素。有名的"二十四孝"，总体上矫情而煽情，走极端太多，但对老人的基本需要却很淡漠。

生命之箭的抛物线，在越过了最高点之后，就会疾速下滑。在以往漫长的农耕时代，那箭的坠落之点就选在自己的家中。略有积蓄的农家，早早就筹划着有关死亡的各种部署。记得我十几岁到乡下学农，住在一户孤老太太家中。院子里摆着棺木，每当艳阳天，老太太就在绳子上晾晒寿衣。斑斓的衣物那么精致，那么娇艳，璀璨夺目，色彩将破败的小院映得燃烧般美丽。

这就是前工业社会的死亡，它虽然奇异，却并不是不可忍耐和不可接受的。从那位老人平静和周密的策划中，我甚至感到了一种筹划的快乐。

如今城里的孩子们是没有这份福气了。他们看不到死亡，死亡被封闭到医院雪白的帏帐之后，被浓重的药水浸泡着，与世隔绝。但是人们对于死亡的好奇与探索是与生俱来的。于是，人为地封闭了解死亡的天然途径，只为疑惧和恐吓留下了空间。见缝就钻的影视商人，岂能放过这一块令人垂涎的黑色蛋糕？荧幕上充斥的死亡是夸张和不自然的。为了种种剧情的需要和商业的噱头，死亡被随心所欲地描述成恐惧的、黑暗的、血腥的、冰冷的、丑陋的、残暴的、惊世骇俗和匪夷所思的……如果说这只是一个方面，那么另一个方面就有着更为迷人而充满诱惑的效果。在一些作品中，死亡被描绘成一幅神话，是令人神往、无限凄美、非常妖娆、缠绵悱恻并具有可逆性的等。

作为艺术的死亡，可以有其发挥的空间。但是这种描述在人们对正常的死亡缺乏认知的空白之处膨胀，特别是对青少年来说，它所起到的传授和导向的力量就变得诡异而不可忽视。

死亡是生命的正常部分，死亡是生命的最后部分。死亡是成长的最后阶段，死亡是我们生活中不可分割的有机体。在现代医疗技术的帮助下，绝大多数的死亡，可以是平静的，安宁的，洁净的，有尊严的。

我们能够坦然地接受死亡，生命的质量也会因此提升。如果我们不能视死亡为正常生活中不可逃避的一部分，我们生命的枝蔓就无法真正地舒展，哀伤和恐惧就栖息在心灵某个幽暗的角落，在某个暗夜或是某个风雨大作的时刻，让我们泪流满面甚至痛不欲生。

工业社会将正常的死亡从乡间搬到了城市，从自然消解变成了充满人工痕迹的抢救。我至今对"抢救"一词心怀惴惴。这是一个直接从工业化大生产中移植来的术语。君不见"抢购抢兑""抢修""抢班夺权"等等。凡事只要"抢"，就有了紧迫与暴烈的味道。在正常情形下，死亡是无须抢的，死亡是渐进和缓释的。所以，我以为，除了儿童和青壮年的车祸伤和疾病需争分夺秒地抢救，天然的死亡不妨从容安详。

生命的终结是一个余音袅袅、绕梁三日的过程。想一想还有哪些未完结的事情，等待着我们有一个妥帖的终了？有哪些亲切的话语，还未对这个世界娓娓表达？有哪些不放心的事项，还不曾交代清晰？还有哪个想一见晤面的人，尚在路上奔跑，需要顽强地等待？还有哪件珍爱的纪念品，需要随身携带了远行？

这上述种种，对于身手矫健、耳聪目明的人来说，只是小事一桩，对行将就木、垂垂老矣的人来说，就有着莫大的意义。

我听到很多人说，他们希望死在家里。死在亲人的簇拥之下，死在温暖的床上。他们不希望被一群完全不认识的身穿白袍的人死死缠住，把五颜六色的药水猛灌到干瘪的血管之中。我当实习医生的时候，看到抢救时把病人的肋骨喀嚓嚓压断，心中实在难以安然。

医学并不是万能的。死亡在进化与代谢的链条上，是不可战胜的。医学应该有一个边界。这个边界就是以病人的选择与尊严为第一出发点，而不是单纯从医学技术的角度考虑得失。

现代医学在描述方面远远走到了治疗的前面。就是说，对一个疾病的发生发展和转归，它已能清晰地预报。但是，在治疗的手段上，就远远没有这样乐观了。我以为这是一个必然。因为医学只能在一个有限的范畴之内发挥自己的力量，但在更广阔的领域中，它是一种描述的科学。

新型的医疗评价标准有必要建立。死亡并不是失败。既不是病人的失败，也不是医生的失败。死亡是可以被接受的必然之路。

我希望在新的世纪里，更多的人能死在自己的家里。这是一种更人道、更有尊严感的温暖的死亡。让死亡回归家庭，这在表面上看来，是后工业社会对前工业社会的一种重复，其实是螺旋形的上升。

死在家里。这是多少人的梦想啊。当权威医学机构的资深临终关怀专家，做出了我们的生命将不久于世的判断之后，我将自愿放弃一切旨在延长我生命的救治措施。我将回家，回到我的亲人身边。我相信现代医学的发展，可以让生命的最后阶段免除撕心裂肺的痛苦，我以为这是现代医学最令人骄傲的成就之一，务必请发扬光大。我将使我生命的最后时光，尽可能地充满安宁与欢乐。虽然死亡不可避免，但我们依然可以传达无尽的关爱。这种眷恋之情，是我们生命得以存在的理由和抵御孤独的不竭力量。

谁来照顾濒临死亡者？我觉得应该把义工的普及当作全民素质提高的重要组成部分。把这一行为的意义，从个人的善行，上升到人格的修养和社会信用评价体系的层面来衡量。我在美国走访过一家社会服务机构，它的义工几乎全部是大学硕士学位的攻读者，素质很高。我很惊讶在那样紧张的课程之中，这些研究生能数年如一日地毫无报酬地做义工，激励机制何在？组织者告诉我，当地州政府通过了一项法案，凡是做过此类义工的同学，都可修得很可观的学分，几乎相当于硕士学位所需学分的三分之一。更有很多用人机构，将一个学生是否做过高素质的义工，当作他是否具有爱心的标志之一，以及能否雇用他的重要砝码。

死在家里，是一个奢侈的想法。我们需要有比较宽敞的住房，我们需要有充满爱心的家人，我们需要有上门巡诊的高素质的临终关怀医生，我们更需要整个民族对死亡有一个达观和开放的接纳。

安然逝去，这是很大的工程。先是观念上的转变，人们要接受死亡的必然。要在自己年富力强的时候，完成对死亡的整体构想，死亡不是一个可以边设计边施工的项目，我们要未雨绸缪。

　　夜深了，窗外繁星点点。最渺小的星星也比一个人的生命要长久得多。人生有清晨，人生也是有夜晚的。夜晚过去了，就娩出黎明。黎明是我们的，夜晚也是我们的。无论白天还是夜晚，我们都期待安宁和尊严。

有勇气饮尽最后一滴甘露

"只有愿意并准备好结束生命的人，才能享受真正的人生滋味。"

我为什么要谈论死亡？这使我像猫头鹰一样不祥。

有人语重心长地对我说，人间已经有够多的恐惧和害怕，为什么还要在不痒的地方开始搔扒？何苦呢？你这不是自寻烦恼吗？如果你想给人注入希望，为什么要用这种永恒不变的黑暗之事来袭扰我们本来就千疮百孔的意志？呜呼，我们还很年轻，为什么不把死亡留给那些垂死的人去想呢？最起码，也是给那些五十岁以上的人出题目吧。

哦，我回答。生命和死亡是如此如影随形，它们并不像阿拉伯数字，有一个稳定的排列顺序，在 19 之后才是 20。它们是随心所欲不按牌理出牌的，没有一个必然的节奏。要死死记住，这世界上没有任何人可以并且有能力向你承诺：你可以无忧无虑地活到某个期限之后，才来考虑这个问题。死亡可以在任何地点、任何时间不打任何招呼地贸然现身。

嗨，这世上有一些最重要的事情，不管你喜欢不喜欢，它们在生命的海洋下坚定地存在着。在某些特定的时刻，毫无征兆地掀起滔天巨浪。很遗憾、很确定的是——死亡就在这张清单中。

对于一个你生命中如此重要的归宿之点，你不去想，如果不是懦弱，就是极大的荒疏了。

我们是必死的动物。又因为我们是高等的动物，所以，我们千真万确地知道这一点。否认死亡，就是否认了你是一个真正有脑子的人。你把自己混同于一只鸡或是一条毛虫。在这里，我丝毫没有看不起鸡和毛虫的意思，只是与它们是不同的物种。

北京奥运会开幕式、闭幕式上，人人都害怕天公不作美，降下雨滴。如果甘霖洒下，尽管对于干旱的北京来说是解了渴，但那些精心排练的无与伦比的美妙场景就会大打折扣。人们在不断逼问气象学家那天晚上究竟会不会下雨的同时，也热切地寄希望于我们的高科技，可以将雨云催落在他乡。

开幕式的时候，我正在墨西哥湾上航海。当我回到家中，查找开幕式的报纸时，果然看到报道，那天晚上阴云奔突，为了防止在鸟巢上空降雨，有关部门发射了消雨的火箭，将水汽提前搅散，让那传说中的雨，降在了别处。于是，亿万人才看到了鸟巢璀璨晶莹的完美夜景，听到激越躁烈的击缶声震荡寰宇。可见，催化剂这种东西的魔力，在于将一桶必然要爆炸的火药，提前引动，变为无害而可以忍受。它在某种程度上是化腐朽为神奇，保障了最重要的阶段完整无缺。

思考死亡就是这样一种精神的催化剂，可以把人从必死的恐惧中，升华到更高的生存状态——那就是兴致勃勃地生活。对于死亡的觉察，如同手脚并用地攀爬了一座高山。山顶上，一览众山小，使人不由自主地远离了山脚、山腰处万千琐事的凝视，为生命提供辽远、阔大和完全不同的视角。

你如果听了上述这些话，还是对探讨这个问题心有余悸，那么，在我束手无策之前，容我给你开一张空白的心灵支票吧：对于死亡的思考，可以拯救你生命的很多时刻。对死亡的关切，有可能让你的生命有一种灿灿金光。虽然随着岁月流逝，身体会不断枯竭，但精神却能越来越健硕。

只是这张支票兑现的具体日期和数额，要由你自己来填写。谁都不能代替他人思考。不知你内心的恐惧，还会持续多久？

有个女子说，她以前有一个习惯，就是从来都不彻底地完成一件事情。本子总是用不完的，要留下几张纸。喝水会把底儿留在杯子里，美其名曰：有水根儿（就是水碱），喝了要得肾结石的。这借口虽明知荒谬，也还是一再重复着，哪怕是喝瓶装的纯净水，她也绝不喝干。为了怕离别，她总会提早从聚会的场所离开，总能找到各式各样的理由让自己抽身。甚至吃饭菜的时候，都不会吃完，留下一口，并认为这是礼貌。打扫房间，她也不会彻底，留下一个角落，说等下一次再来清洁吧，她从小长辈就觉得她这是偷懒，说过无数次，她就是不改。

大家看到这里，也许会说，这不过是很多人都有的小毛病，充其量也不过是个说不上好也说不上不好的习惯。当然了，如果事情仅仅停留在这个阶段，也许人们都还能容忍，但是，每个人行事的规律，无论大事小事，内里其实都是惊人的相似。

这女子工作以后，无法在任何一个单位待两年以上，总是不断跳槽，有时有明确的原因，有时自己也说不明白原因，好像完全找不到充分的缘由，只是突然想走就走了。冲动一起，是那样地难以克制，似乎在逃避躲避什么可怕的东西，唯有中断，才是出路。再后来，她连自己的婚姻也坚持不下去了，厌倦恐惧和平淡，让她最终选择了放弃婚姻。

不过，这世界上好的男人，比起好的工作，似乎要少。况且就算是工作，如果那个单位满员，你也无法插入。婚姻更是具有鲜明的排他性。鹊巢鸠占，鹊就回不来了。她的主动退场，很快就让别的虎视眈眈的女子填补了空白。当她意识到自己的前夫多么难得的时候，金瓯已缺，丧失了恢复原状的可能。

她是如此苦恼，如此憔悴。在庞杂纷嚣的混乱之下，我一时也一筹莫展。如同面对一张粘满了蛛网的条案，纵横交错，不知道哪里才是混乱的支点。

关于漫长的谈话过程，我在这里就不赘述了，感谢她的无比信任，我后来才知道匍匐在她内心的蜘蛛，是自幼年就潜藏下的恐惧。她在非常幼小的时候，连续失去亲人，棺材前摇曳的烛火，血肉模糊的尸身，让她对终结的恐惧变得根深蒂固。这恐惧化身为"不要把事情做到底"的潜意识，如同魔咒，贯穿了所有岁月。她给自己定了一条规则，也算是"潜规则"吧——只有逃避结束，才能对抗死亡。

说到底，我们对于死亡的恐惧是会化装的，会以各种各样我们觉得匪夷所思的模样，乔装打扮出现。惧怕死亡就如同一条粗壮的藤，蜿蜒盘曲结着不同的瓜。也许是人际关系的不和睦，也许是做事的极端完美主义，也许是关键时刻的优柔寡断，也许是对待婚姻和感情的破坏与纷扰……如果你无法长久地保持安宁的心智，经常出现无法描述的悲伤或烦躁，很可能就是在死亡这个问题上没有直面的勇气。总之，死亡恐惧如同百变妖魔，有万千种表现手法。原谅我带一点武断地说，每一个无以解释的焦虑之梦背后，都是死亡之魔起舞的广场。

对此，最好的方式，就是在源头上把这件事搞清楚，从此不怕死，把死亡视为一个成熟的过程，有勇气饮尽生命的最后一滴甘露，之后从容安详地赴死，变成细碎虚空的分子，与宇宙合为一体。在这之前，有滋有味地生活。

死亡的过程对每一个人来说，都是一项崭新的学习体验。为什么你一定要一直想着你老了老了？为什么要一次又一次踮起脚来，张望归途？

有朋友曾经这样气恼地告诉我，她觉得我不断地谈论死亡必将到来，让她噤若寒蝉。她说你的文字通常是安详和温暖的，但那些关于死亡的论述夹杂其中，就像一些粗粝的贝壳碎片，会刺破手心的皮肤，让人淌血。

我说，既然死亡是一个规律，为什么不能讨论？既然归途本来就存在，为什么不能张望？为了保持我整个生命的质量，为了当我齿摇发落之时，仍然能保有尊严和快乐，我就要提前下手了。如果你不快，那我很抱歉。不过请原谅，我还是要这样做。

请带上一枝花，每年到墓地两次

在温暖的阳光下，在春天的日子里，到墓地随意走走……

如果你的父母健在，请你每两年到墓园去一趟，最好选那种美丽庄严的陵园，实在不行，乱坟岗也行。如果你的父母不在了，请带上一枝花，每年最少去两次。墓园会让我们怀念和安静，懂得珍惜人生的紧迫感，铭记恩情。这是一个恐怕要遭人诟病的建议了。思谋了半天，还是写在这里，以供那些胆大的朋友们参考。

西式的墓园通常是美丽的，有很多花草树木。我在国外看过若干个墓园，有时简直就是流连忘返。墓前的雕塑栩栩如生、各具千秋，让人感受不到逝去的悲哀，充盈心间的只是拳拳的感慨。记得在阿根廷首都布宜诺斯艾利斯，我参观了一处公墓，听说阿根廷原第一夫人艾薇塔·贝隆的墓室也在这里，就专门跑去观看。那首脍炙人口的《阿根廷，请不要为我哭泣》，传达的就是她的心声。墓地真的非常高雅而静穆，没有

248

一点哀伤的气氛，到处开放着芬芳的玫瑰。我就是在那里滋生出每年都到墓地参观的念头。

我说的不是局限于这种心态，而是在一个更广阔的时空和历史中体味人生。在温暖的阳光下，在春天的日子里，到墓地随意走走。驻足看看墓碑上的名字，注意一下他们的生卒年代。读一读碑上的铭文，我断定你一定会有很丰富的感悟。

是啊，生命是那么短暂，无数悲欢离合，已经被一抔黄土掩埋。面对这样的归宿，你更会感到什么是生命中最重要的东西。那些不大重要的东西，就渐渐隐没。

最后，请把手中的那枝花，轻轻安放在一处草木葱茏的地方，祭奠他们和自己逝去的年华。

我们在光焰无际的伞下相聚

有人说，有一个地方超越时空，你将在那里的伞下，与亲人相会。

你可知有一种感觉叫作荒凉？只能听到一己心跳的声音，沉重悠长？

在藏北阿里高原的雪山上，我有过多次这样的经历。我时常怀疑自己的记忆，一个十六岁女孩的心脏，不应该那样闷哑和迟钝吧？然而，余音似乎还存在着，此刻还在冰峰雪岭中袅袅盘旋。

那种亘古无双的苍茫，对我这一辈子影响深远。我知道对一些过眼烟云不必在意，它们一定会像泡沫般消散。对有一些东西务必百般珍惜，它们如圣峰雄立万年。

如今城市里的人，很难体验到荒凉。我们把荒凉赶跑了。荒凉能够给予我们的启示，我们只能靠冥想来获得。这就多少像赝品了。

亲人逝去，无比哀伤。有人说，有一个地方超越时空，你将在那里的伞下，与亲人相会。

那个地方真的有吗？此生结束后，我们将在哪里相会？会是在一颗星星上吗？它在我们头顶上闪烁吗？它是最亮的那一颗吗？

我茫然。不知道。

有一天，我看了一部描写宇宙大爆炸的影片，其中有一席话，让我茅塞顿开。我终于找到了我们相会的地方，也找到了我们团结的天然基础。那席话这样说："人是由元素构成的，而元素是在宇宙大爆炸的过程中形成的。请记住，我们每个人都曾是某个恒星的一部分。"

嗨！我们曾经紧紧地挤在一颗恒星中。将来，我们也会在某颗恒星处再相会。那时，我们将满身披戴着光芒，炙热欢腾，飞舞跳跃，无拘无束，辐射无尽热能。

那是一把多么光焰无际的天伞啊！